KB074452

창조의 해답

초판1쇄 발행	2014년 12월 15일
지은이	행크 해네그래프
옮긴이	김태형
펴낸이	원성삼
책임편집	이보영
펴낸곳	예영커뮤니케이션

주소	136-825 서울시 성북구 성북로6가길 31
전화	(02) 766-8931
팩스	(02) 766-8934
홈페이지	www.jeyoung.com
이메일	jeyoung@chol.com
등록일	1992년 3월 1일 제2-1349호

ISBN 978-89-8350-906-2 (93400)
책값 12,000원

「이 도서의 국립중앙도서관 출판예정도서목록(CIP)은 서지정보유통지원시스템 홈페이지
(http://seoji.nl.go.kr)와 국가자료공동목록시스템(http://www.nl.go.kr/kolisnet)에서 이용하
실 수 있습니다.(CIP제어번호: CIP2014035196)」

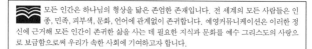

모든 인간은 하나님의 형상을 닮은 존엄한 존재입니다. 전 세계의 모든 사람들은 인종, 민족, 피부색, 문화, 언어에 관계없이 존귀합니다. 예영커뮤니케이션은 이러한 정신에 근거해 모든 인간이 존귀한 삶을 사는 데 필요한 지식과 문화를 예수 그리스도의 사랑으로 보급함으로써 우리가 속한 사회에 기여하고자 합니다.

가장 논란이 되고 있는
창조 관련 질문에 대한 명쾌한 답변

행크 해네그래프 지음
김태형 옮김

창조의 해답

The
Creation
Answer
Book

내가 한 가지 확신하는 것이 있다. 사람들은 답을
원한다는 사실이다. 바로 이 책, 「창조의 해답」이
쥐는 일이 곧 그것이다. 이 책은 기원에 관한 가장
중요한 변증학적 쟁점에 대해 전문성 있는 연구를
통해 간결하면서도 명확한 답변을 내놓고 있다.

예영커뮤니케이션

들어가는 말

창세로부터 그의 보이지 아니하는 것들 곧 그의 영원하신 능력
과 신성이 그가 만드신 만물에 분명히 보여 알려졌나니 그러므
로 그들이 핑계하지 못할지니라.롬 1:20

내가 한 가지 확신하는 것이 있다. 사람들은 답을 원한다는 사
실이다. 바로 이 책 『창조의 해답』이 하는 일이 곧 그것이다. 이
책은 기원(origin)에 관한 가장 중요한 변증학적 쟁점에 대해 전문
성 있는 연구를 통해 간결하면서도 명확한 답변을 내놓고 있다.
궁극적으로 자신의 존재 기원을 어떻게 보느냐에 따라 자신의 삶
의 방향도 결정하게 된다. 레이디 가가(Lady Gaga)를 생각해 보
라. 그녀보다 앞선 시대에 활동했던 마돈나(Madonna)처럼, 레이
디 가가도 물질계에 존재하는 육체라는 물질로 이루어진 한 여자
에 불과하다면 그녀에게는 선택의 자유나 책임이 있을 수 없다.
단지 뇌의 화학 성분과 유전자와 같은 물질에 의해 숙명적으로
결정되는 물리적인 삶만 존재할 뿐이다. 반대로 만일 하나님의

형상으로 창조되어 영혼을 지닌 사람이라고 한다면, 그녀의 인생은 그 이상의 어떤 영원한 의미를 지니게 된다.

『창조의 해답』은 첨단 과학이 발달한 현대에는 진화론이 더 이상 신빙성 없는 가설에 불과하다는 사실을 단적으로 입증한다. 캄브리아 폭발(cambrian explosion)*(생물학의 빅뱅; 별표로 표시된 단어들은 책의 뒤편에 있는 용어 사전에서 그 뜻을 정의하고 있다)이 다윈의 생명나무*를 뿌리째 뽑고 말았다. 오늘날의 첨단 과학기술 시대에는 인간의 눈물(동물계에서는 이와 필적할 만한 것도 없다)만큼이나 외관상으로 단순하게 보이는 작고 평범한 물질조차도, 아무런 방향이나 목적 없이 우연의 과정을 거쳐 진화한 것으로 여길 수 없다. 당신이 이 책의 페이지를 한 장씩 넘기다 보면, '아무것도 없는 무(無)'의 상태가 스스로 이 모든 우주 만물을 만들어 낼 수 없다는 사실을 분명히 깨닫게 될 것이다. 즉 생명체는 무생물로부터 진화할 수 없으며, 무작위 과정(random process)이 결코 도덕적 존재를 생산해 낼 수 없다는 것이다.

더 나아가 『창조의 해답』은 종종 구도자들을 넘어지게 하고 회의론자들에게 그들의 반(反)성경적 세계관을 고집하게 하는 다음과 같은 질문들도 비중 있게 다룬다. "정말로 하나님께서 세상을 창조하셨다면 하나님은 누가 창조했는가?", "하와를 유혹한 뱀은 실제로 말을 했는가?", "우리가 하나님을 볼 수 없다면 그가 존재한다는 사실을 어떻게 알 수 있는가?", "공룡들은 대체 무엇인가?", "공룡들은 6천 5백만 년 전에 죽었는가? 아니면 인류와 동시대에 살았는가?"

마지막으로, 『창조의 해답』은 기독교의 전체 영역에서 가장 골치 아픈 논란이 되고 있는 것, 즉 지구의 나이에 관한 논쟁을 깊이 파헤치고 있다. 필자는 이전 책에서는 이 문제를 잠시 덮어 두었지만 여기서는 확실하게 다루고 있다. "정말 그렇다면, 지구는 젊다는 말인가?", "광속(빛의 속도)과 별의 수명 같은 지표들은 우주가 십억 년 이상 나이가 들었다는 주장을 실제로 입증해 주는가?", "창세기의 창조의 날들은 문자적인가, 긴 날을 뜻하는가, 아니면 문학적인 표현인가?", "동물들이 겪는 고통과 죽음은 어떻게 설명되는가?", "인정사정 봐주지 않는 무시무시한 자연의 법칙(nature red in tooth and claw)*은 아담의 타락으로 인한 죄의 결과인가? 아니면 하나님이 보시기에 매우 좋았던 창조의 본래 한 부분인가?"

그러나 『창조의 해답』은 궁금한 질문에 무조건 답하기 위해서만이 아니라 성경이 의도하는 목적대로 성경을 읽게끔 훈련하기 위해 쓰인 책이기도 하다. 우리는 "날이 서늘할 때 하나님께서 동산에 거니셨다."(창 3:8)는 표현의 경우, 하나님이 문자적으로 걸을 수 있는 두 발을 가지셨음을 말하려는 것이 아님을 쉽게 이해할 수 있다. 또는 하나님이 아담에게, "네가 어디 있느냐?"라고 물으시는 모습을 보면서, 하나님의 전지하신 능력에 의문을 품지도 않을 것이다. 그리스도인은 이 책을 읽음으로써, 이미 지니고 있는 기독교의 소망에 대해 더욱 온유함과 존중함으로 답변할 준비를 하게 될 것이다. 만일 이 책의 독자가 그리스도인이 아니라고 할지라도, 성경의 첫 말씀, "태초에 하나님이 천지를 창조하시니라."는 말씀이 우리가 살고 있는 현대 과학 시대에도 충분히 타당한 논리라고 믿을 수 있는 충분한 증거를 보게 될 것이다.

행크 해네그래프(Hank Hanegraaff)

The
Creation
Answer
Book

● 심화학습 ●

2장 창조와 에덴동산

3장 창조와 노아의 홍수

4장 창조와 연대에 관한 질문

5장 창조와 죄의 문제

6장 창조와 공룡

● 심화학습 ●

7장 창조와 진화

● 심화학습 ●

8장 창조와 재창조

1장

창조 그리고
첫 번째

:
:

The
Creation
Answer
Book

:
:

누가 하나님을 만들었는가?

현대 과학에 따르면, 그 시작이 있는 우주와는 달리, 하나님은 무한하시고 영원하시다. 그러므로 무한하시고 영원하신 존재로서의 하나님은 또한 논리적으로도 자존하신 제1의 원인(uncaused First Cause)이 되신다.

게다가 우주의 생성에 원인이 있다고 해서 그 우주의 원인 또한 반드시 원인이 있다고 생각하는 이치는, 극단적인 논리의 막다른 골목으로 자신을 몰아가는 처사다.

매우 간단한 논리조차 우주가 단순한 허상이 아니라고 말한다. 우주는 무(無)에서 갑자기 발생한 것이 아니고(무에서 발생하는 것은 아무것도 없다), 영원히 존재해 왔던 것도 아니다.(엔트로피 [entropy]* 법칙은 영원히 존재해 온 우주는 열 손실로 인해 '영원 전에' 사라졌을 것이라고 예측한다.) 그러므로 가장 상식적으로 그럴듯하게 여길 만한 견해로서, 우주보다 훨씬 월등하고 뛰어난, 만들어

지지 않은 어떤 절대적인 원인에 의해 우주가 형성되었을 가능성
만 남는다.

> 나 여호와가 말하노라. 너희는 나의 증인, 나의 종으로 택함을
> 입었나니 이는 너희가 나를 알고 믿으며 내가 그인 줄 깨닫게 하
> 려 함이라. 나의 전에 지음을 받은 신이 없었느니라. 나의 후에
> 도 없으리라. 사 43:10

하나님을 볼 수 없다면,
그의 존재를 과연 알 수 있는가?

눈에 보이지 않는 하나님을 믿는 기독교인들이 회의론자들에게는 종종 비이성적으로 여겨지는 것이 사실이다. 그러나 실제로는 눈으로 볼 수 없기 때문에 존재하지 않는다고 생각하는 회의론자들이야말로 더 비이성적이다.

기독교인들과 회의론자들은 모두 블랙홀(black holes), 전자(electrons), 논리의 법칙(laws of logic) 그리고 중력의 힘(the force of gravity)이 비록 눈에 보이지 않는다고 할지라도 그 존재를 인정한다. 심지어 가장 열성적인 반(反)초자연론자(anti-supernaturalist)도 중력의 힘을 인정한다.

게다가 성경은 이렇게 말한다. "창세로부터 그의 보이지 아니하는 것들 곧 그의 영원하신 능력과 신성이 그가 만드신 만물에 분명히 보여 알려졌나니 그러므로 그들이 핑계하지 못할지니라"(롬 1:20). 다른 말로 하면, 우주의 질서와 복합성이 제1의 원인이 되시는 창조주를 가리키고 있다는 것이다.

마지막으로, 예수님은 보이지 않는 하나님의 형상이 되신다. 그리스도의 성육신 사건은 하나님의 자기 계시(self-revelation)에 대한 최고조의 표현이다. 그러므로 우리는 물질계에서 인지하는 것보다 본질적이고 더 현실적으로 하나님의 능력과 임재를 경험할 수 있다.

> 우리가 지금은 거울로 보는 것 같이 희미하나 그 때에는 얼굴과 얼굴을 대하여 볼 것이요 지금은 내가 부분적으로 아나 그 때에는 주께서 나를 아신 것 같이 내가 온전히 알리라. 고전 13:12

우주 생성에 대해 얼마나 많은 설명이 있는가?

진화론을 뒷받침하는 세계관인 철학적 자연주의*는 오직 세 가지 입장만을 제시한다.

1. **"우주는 단순한 허상에 불과하다."** 이러한 입장은 오늘날의 과학 계몽주의 시대에 그다지 신빙성이 없다.

2. **"우주는 무(無)에서 발생했다."** 이러한 진술은 인과응보법칙(law of cause and effect)과 에너지보존법칙(law of energy conservation)에 위배된다.(결코 그 어떤 것도 무(無)에서 올 수 없다는 원리.) 쉬운 말로 하면 아무런 이유 없는 단순한 '무료 식사' 따위는 있을 수 없다는 말이다.

3. **"우주는 영원히 존재했다."** 엔트로피(entropy)*의 법칙은 그러한 가설을 무너뜨린다. 우주가 영원히 존재해 왔다면, 그 우주는 열손실에 의해 '영원 전에' 이미 소멸했을 것이다.

그러므로 오직 하나의 가능성만 남는다. 그것은 성경 가장 첫 번째 책의 첫 장에서 발견된다. "태초에 하나님이 천지를 창조하시니라." 경험주의적(empirical)* 과학 시대에서, 세상의 기원에 대해 이보다 더 확실하고 분명하며 정확한 선언은 없다.

> 창세로부터 그의 보이지 아니하는 것들 곧 그의 영원하신 능력과 신성이 그가 만드신 만물에 분명히 보여 알려졌나니 그러므로 그들이 핑계하지 못할지니라. 롬 1:20

우주가 무(無)로부터 형성될 수 있는가?

우주가 한정된 어느 한 시점에서부터 존재했다는 거부할 수 없는 증거에 직면할 때, 사람들이 여전히 선호하는 대안은 우주가 무(無)에서 저절로 발생했다는 주장이다. 그러나 이러한 주장은 그 한계점을 넘어 맹신(盲信)에까지 이르게 한다.

첫째, 간단한 논리조차 그 어떠한 것도 아무것도 없는 상태에서 생길 수는 없다고 기술한다. '무'(無:nothing)라고 하는 것은 존재함 자체가 아예 없는 것이기에 무언가를 행할 수 있는 힘이나 능력도 전혀 없다. 실제로 '무언가를 할 수 있는 힘'은 논리상 그 힘을 소유한 그 무엇의 존재를 전제로 한다.

더욱이 무(無)로부터 무(無)에 의해 생성된 물질이라면, 논리적으로 그 물질은 결국 자신을 스스로 창조한 것이 된다. 그러나 그 물질이 자신을 스스로 창조했다고 한다면, 자기 자신의 창조 이전에 자신이 존재했어야 할 것이다. 이 말은 곧, 같은 시간에 같은 방식으로 존재하기도 하고 존재하지 않기도 해야 한다는 것을 의미한다. 이는 명백한 논리적 오류로서, 말도 안 되는 비논리적인 결론에 이르게 한다. 논리의 법칙이 이러한 식으로 침해된다면, 모든 이성적 사고와 의사소통도 무의미한 일이 되고 만다.

마지막으로, 선(先)원인(prior cause)에 의한 결과로서가 아닌 채로 무엇인가 존재하고자 한다면, 그것은 반드시 영원한 그 무엇(즉 어떤 것으로부터 발생한 게 아니라 이미 항상 존재해 온 것)이어야 한다. 이와 같이 우주는 무에서부터 형성될 수 없고, 영원한 제1의 원인이 되시는 한 자존(自存)자(이는 곧 하나님의 속성이다)의 영향으로 인해 존재하는 것이다.

> 산이 생기기 전, 땅과 세계도 주께서 조성하시기 전 곧 영원부터 영원까지 주는 하나님이시니이다. 시 90:2

우연(chance)이 우주를 설명할 수 있는가?

달의 표면에서 지구의 모습을 바라보았던 우주 비행사 가이 가드너(Guy Gardner)는 "우주에 대해 더 많이 배우고 관찰할수록 태양계 전체 안에 생명을 위한 가장 이상적인 장소는 우리가 홈 (home)이라 부르는 지구밖에 없다는 사실을 깨닫게 된다."라고 지적했다. 즉, 지구의 생명은 눈먼 우연에 의해서가 아니라 자애로우신 창조주에 의해 아름답게 고안된 것이라는 말이다.

지구행성의 이상적인 온도를 생각해 보자. 만일 태양에 조금만 더 가까웠더라면, 우리는 바삭한 새우튀김처럼 되었을 것이다. 반대로, 태양에서 지금보다 조금만 더 멀리 떨어졌더라면 겨울왕국처럼 꽁꽁 얼어붙었을 것이다.

게다가 달의 중력이 끄는 힘에 의해 발생하는 바다의 대양조석(大洋潮汐)은 우리의 생존에 중요한 역할을 담당한다. 만약 달이 상당히 크고 더 강한 중력을 가졌더라면, 걷잡을 수 없이 밀려오는 해일에 의해 대부분의 육지가 물에 침수되었을 것이다. 또한 만일 달이 지금의 모습보다 더 작았더라면 조수(潮水)의 움직임이 멈추고 바다 전체가 고여, 모든 바다 생물이 죽게 되었을 것이다.

마지막으로, 평범한 수돗물을 생각해 보라. 대부분 물질의 굳어진 상태는 그 물질이 액체일 때보다 밀도가 높다. 그러나 물은 특이하게도 이와 정반대이다. 그렇기 때문에 얼음은 물에 가라앉지 않고 오히려 수면 위로 뜬다. 만약 그렇지 않고 물이 다른 액체들과 그 성질이 유사했다면 바다나 강물은 위에서부터 아래로 얼지 않고 밑에서부터 위로 얼게 된다. 그렇게 되면 겨울 때마다 수중 생물은 다 죽고 산소 공급도 차단되어서 지구는 생존할 수 없는 얼음 땅이 되고 만다.

기온에서부터 조수(潮水)와 수돗물 그리고 우리가 쉽게 간과하는 무수히 많은 특성에 이르기까지 지구는 여느 행성과는 비교할 수 없는 창조주 하나님의 걸작품이다. 지구는 헨델의 '메시아'와 다빈치의 '최후의 만찬'을 훨씬 능가하는 경이로운 예술작품이기에 '우연한 진화'의 '우연한 결과물'로 부주의하게 싸구려 취급되어서는 안 된다.

태초에 하나님이 천지를 창조하시니라. 창 1:1

우주의 정교한 조율이
전능하신 창조주를 가리키고 있는가?

The Creation Answer Book

20세기의 가장 위대한 발견 중의 하나는 우주가 지적 생명체의 생존을 위해 정교하게 조율되어 있다는 사실이다. 중력의 힘에서부터 물질과 반물질(反物質)의 조화에 이르기까지 우주는 언제나 그렇듯이 면도칼의 얇은 날 위에 서 있는 것처럼 미세한 균형을 이루고 있다.

중력의 힘을 생각해 보라. 만일 중력이 단지 10^{100}(10의 100제곱: 1다음에 0이 100개 붙어 있는 수)의 1보다 강하거나 약하다면 우주는 지적 생명체를 결코 지탱할 수 없을 것이다. 이 숫자의 의미와 중력 크기의 미세한 설정을 더 잘 이해하도록 돕고자 예를 든다면, 전 우주에 존재하는 관찰 가능한 모든 원자의 수는 그에 비교하면 10^{80}에 불과한(?) 것으로 측정된다.

게다가 중력과 같은 힘의 정교한 조율은 물리학 법칙의 기능일 수는 없다. 그 이유는 무엇인가? 중력의 힘은 더 강하든지 혹은 더 약하든지와 관계없이 여전히 중력으로 작용할 수 있기 때문에 물리학 법칙이 그 정확한 힘의 크기를 결정해야 하는 것은 아니다. 그러나 중력의 힘이 현재의 상태대로 정교하게 조율되지 않았다면, 인간과 같은 지적 생명체를 지탱할 수는 없었을 것이다.

마지막으로, 앞에서 보았듯이, 이는 상상할 수 없을 정도의 극미량의 작은 수치에 의해 조정되는 것이기 때문에 이렇게 세밀하고 정교한 우주를 단순한 우연의 결과물로 치부하는 일은 결코 합리적이지 않다. 우연(chance)은 생명을 보존하는 우주가 아니라 생존을 '무제한' 금지하는 죽음의 공간만 만들어 낼 확률이 훨씬 높다.

정교한 우주의 근원이라고 생각할 만한 유일한 원인은 우주 외적이고 초월적이며 측량 불가한 능력과 지혜를 가진 인격적인 존재, 즉 우리가 하나님이라고 부르는 존재밖에는 없다.

지구는 택함받은 행성인가?

어떤 과학자들은, 지구가 무의미한 우주공간에서 목적 없이 표류하고 있는 무가치한 작은 모래 알갱이와 같다고 생각한다. 그러나 우주비행사 길예르모 곤잘레스(Guillermo Gonzalez)와 철학자 제이 리처드(Jay W. Richards)에 의해 상세히 기록되었듯이 (그들의 공저인, *The Privileged Planet: How Our Place in the Cosmos Is Designed for Discovery*를 가리키고 있다; 역자주), 입증된 증거에 따르면, 평범의 원리(principle of mediocrity; Copernican principle)는 거부될 수밖에 없다. 오히려 새로운 발견을 위해 고안된 우리 지구는 특권을 누리는 유일한 행성임이 드러났다.

지적 생명체를 지탱하는 데 필수적인 특이한 조건들이 과학적 발견을 위한 최적의 전반적인 조건들을 제공하기 위해 밝혀지고 있다. 여기에는 무수히 많은 예가 있다. 지구는 납작한 나선형 은하계의 두 줄기 사이에 위치해 있다. 그로 인해 치명적인 방사선,

혜성 간의 충돌 또는 다른 우주를 관찰하는 데 방해되는 광공해 현상을 일으키는 중심부에 가까이 노출되어 있지 않다. 그렇다고 이 선택받은 행성이 너무 멀리 떨어져 있어서 형성될 수 없거나 다른 이웃 별들을 관측하지 못하는 것도 아니다. 더구나 지구의 대기는 생존에 필요한 산소가 풍부하고 시야가 맑으며 투명하다. 달은 지구의 자전을 안정시키고 인간의 거주환경에 알맞게 작용하기 위한 적절한 크기와 지구로부터의 알맞은 거리를 유지한다. 그뿐 아니라 달과 태양의 상대적인 크기와 지구로부터의 거리는 현대 과학의 발달(예: 별의 성질에 관한 측정과 아인슈타인의 일반상대성 이론 입증)에 중추적인 역할을 담당해 온 개기일식을 완벽하게 구현한다.

더 나아가 우리는 우주론(cosmology)을 연구하는 데 전반적으로 가장 적합한 우주 시대에 살고 있다. 빅뱅으로부터 남아 있는 우주 배경 방사(cosmic background radiation; 宇宙背景放射)가 우리 시대에는 쉽게 관찰 가능하지만, 앞으로는 항상 그렇지는 않을 것이다. 또한 이 방사선은 우주가 영원한 것이 아니라 과거의 어느 한 시점에서부터 출발했다는 것을 확증한다. 현재 천문학자들이 우주를 측정하기 위해 의존하고 있는 대부분의 천체물리학 현상들은 이전 우주의 형성 단계에서는 관측 불가능한 것이었고, 결국은 장차 소멸되고 말 것들이다(예: 우주 배경 방사). 물론 우리도 우주의 이전 단계나 이후 단계에서 생존할 수 있는 존재도 아니지만 말이다.

마지막으로, 우리의 이 선택받은 행성은 엄청나게 다양한 수치의 허용을 설정하고 있다. 크게는 우주에서부터, 작게는 원자보다도 작은 입자, 그 중간 크기의 우주와 인간에 이르기까지 그러하다.

우리가 살펴본 우주와 지구의 거주적 · 발견적 특성에 따르면, 우주에서의 지구의 위치는 정말로 특권을 누리도록 택함받은 것임을 알 수 있다. 이 놀라운 사실을 우주의 진화 과정에서 발생한 하나의 사건으로 격하시키는 것은 근시안적인 생각이다. 지구는 감탄할 만큼 놀랍도록 숭고하게 택함받은 행성이다.

일을 숨기는 것은 하나님의 영화요 일을 살피는 것은 왕의 영화니라. 잠 25:2

하나님은 모든 만물을 무(無)로부터 창조하셨는가?

The Creation Answer Book

하나님께서 모든 것을 무(無)에서부터 창조하셨다는 믿음이 난항을 겪고 있는 시대다. 놀랍게도 많은 철학자들과 신학자들은 무로부터의 창조 교리(ex nihilo)에 대한 성경적인 근거가 희박하다고 여긴다. 이보다 더 한심하게도, 몰몬교 지도자들은 하나님과 함께 물질도 영원히 존재해 왔다고 공공연하게 떠들고 있다. 그러나 성경의 첫 문장은, "태초에 하나님이 천지를 창조하시니라."로 선포하여 하나님께서 모든 만물을 무로부터 창조했음을 분명히 밝히고 있다. 세 가지의 가능성이 있는데, 그중 오직 하나만 현실에 부합하는 진리이다.

첫째는 태초에 아무것도 존재하지 않았다는 관점이다. 어떤 덩어리나 어떠한 종류의 에너지도 없었다. 심지어 전능하신 창조주도 없었다. 아무것도 존재하지 않았고, 정말 곧이곧대로 완전한 무의 상태였다. 그러나 이러한 주장은 앞서 보았듯이, 무에서는 유가 결코 나올 수 없다는 논리적 오류에 부딪히고 만다.

또 다른 한 가지 성립되기 어려운 이론이 있는데, 태초부터 무언가 존재하긴 했지만 그것은 '비인격적인 잠재력'(impersonal potentiality)을 가진 어떤 물질이라는 주장이다. 그 물질을 통해 단백질 세포부터 시작해서 인격적인 사고까지 가능하게 하는 그 모든 생명체들이 발생했다고 말한다. 그러나 이러한 주장은 단순한 옛날이야기나 설화보다도 못한 무지한 생각을 보여 준다. 상식적으로 모든 결과는 반드시 그 결과 자체와 최소한 대등하거나 아니면 더 강력한 어떤 원인을 가져야만 한다.

마지막으로, 성경적 견해가 있는데 이 세 가지 견해 중에서 유일하게 타당한 논지이다. 우주는 그 자체보다 더 크고 위대한 제1원인이 되며, 존재에 대한 어떤 원인(기원)도 없는 자존자에 의해 창조되었다. 시간, 공간 그리고 우주도 항상 존재하지 않았지만 하나님은 항상 존재하셨다. 바로 이 하나님의 존재가, 존재하는 모든 다른 것들이 존재할 수 있게 만드는 궁극적인 최상위 원인이 된다. 과학적으로는 우주가 탄생한 어느 시점이 반드시 요구되지만, 우주의 원인에 있어서는 철학으로나 성경으로도 어떤 시작점이 요구되지 않는다. 즉 우주는 시작이 있지만, 우주의 창조자는 시작이 없다는 말이다. 히브리서는, "믿음[맹목적인 믿음]이 아니라 진리에 근거한 믿음으로 모든 세계가 하나님의 말씀으로 지어진 줄을 우리가 아나니 보이는 것은 나타난 것으로 말미암아 된 것이 아니니라."(히 11:3)라고 정확하게 지적한다.

하나님이 모든 만물을 무에서 창조하셨는가? 물론이다! 반론의 여지도 없이, 부연 설명할 필요도 없이, 성경의 가장 첫머리에서 그렇게 선포하고 있다. 영원히 그랬듯이, 오늘날의 과학 시대도 이 말씀의 효력에서 결코 벗어날 수 없다.

여호와의 말씀으로 하늘이 지음이 되었으며 그 만상을 그의 입 기운으로 이루었도다. 시 33:6

무(無)로부터의 창조론이란 무엇인가?

잠시 아무것도 없다고 상상해 보라. 사람, 식물, 공기, 물, 에너지, 물질, 시간, 공간 그리고 하나님도 없는 무(無)의 상태를 생각해 보라. 완전히 아무것도 없다. 우리가 그러한 상상을 할수록 완전히 아무 것도 없다는 개념은 진실과는 매우 거리가 멀다는 사실을 더 분명히 느끼게 된다. 그러나 하나님이 무로부터 모든 것을 창조하셨다고 생각하는 순간, 문제는 즉시 해결된다. 그것이 곧 '무로부터의 창조론'(Creatio ex Nihilo)이 우리에게 주는 유익이다.

우선적으로, 무로부터의 창조론은 영원히 존재하시는 하나님께서 무로부터 우주만물을 창조하셨다는 교리를 지지한다.

더 나아가, 무로부터의 창조론은 하나님을 제외한 모든 만물의 존재가 하나님에 의해 어느 특정한 시간에 창조되었음을 인정한다.

마지막으로, 무로부터의 창조론은 공간, 시간 그리고 물질과 같은 유한한 존재들이 하나님의 본성에서 나왔다고 여기는 이론을 배격한다. 피조 세계는 신성한 것도 아닐 뿐더러, 창조주의 본성에서 파생된 것도 아니다. 창조주와 피조물은 본질상 서로 구분된다.

간단히 말해 모든 만물의 창조주이신 하나님은 자신의 신적인 자유의지에 따라 말씀을 선포하셨고, 그 말씀의 권능에 따라 우주는 존재하게 되었다.

> 태초에 말씀이 계시니라 이 말씀이 하나님과 함께 계셨으니 이 말씀은 곧 하나님이시니라. 요 1:1-3

빅뱅 이론이 창세기와 조화를 이룰 수 있는가?

빅뱅 이론은 우주가 무한한 밀도를 가진 특이점에서부터 출발했으며, 지난 수십억 년 동안 팽창해 왔다고 가정한다. 비록 창세기의 창조기사에서 빅뱅 이론이 직접적으로 언급되고 있는 것은 아니지만, 빅뱅 이론은 하나님께서 아무것도 없는 무로부터 우주를 창조하셨다는 성경적 견해에 과학적 신빙성을 제공한다.

성경과 마찬가지로 빅뱅 이론 또한 우주가 어느 한 시점에서부터 탄생했다고 믿는다. 이는 우주가 영원히 존재해 왔다고 말하는 과학적으로도 터무니없는 주장과 냉정하게 반대되는 입장이다.

게다가 만일 우주에 시작이 있었다면 거기에는 반드시 어떤 원인이 작용했을 것이다. 그렇다면 모든 공간, 시간, 물질 그리고 에너지의 발생 원인은 공간과 시간을 모두 초월하는 비물질적인 것이어야 하고, 측량할 수 없는 능력과 인격을 갖춘 존재여야 한다. 이처럼 빅뱅 이론은 우주가 아무것도 없는 상태에서 저절로 탄생했다는 말도 안 되는 가설에 맞서, 창조주 하나님께서 말씀으로 명하자 우주가 존재하게 되었다는 창세기의 견해를 더 신뢰할 만한 이론으로 지지한다.

마지막으로, 비록 진화론자들이 빅뱅 이론을 옹호하고 있지만 빅뱅 이론 자체가 생물학적 진화를 암시하고 있는 것은 아니다. 빅뱅 우주론은 시-공간의 연속성에 관한 문제에 답을 제공하고 있는 것이지, 지구 생명체의 기원에 관한 문제에 답을 주는 것은 아니다.

물론 우리의 믿음을 빅뱅 이론에 맡겨서는 안 되지만, 인류의 지식이 진보하면 할수록 피조 세계가 우주를 말씀으로 창조하신 그분을 계속해서 가리키고 있다는 사실을 분명히 더 확신하게 될 것이다.

하나님께서는 자신도 움직일 수 없을 만큼
무거운 바위를 창조하실 수 있는가?

많은 기독교인들은 이런 질문을 받으면 헤드라이트 빛에 놀란 사슴처럼 멍해질 때가 있다. 그 말을 긍정적으로 해석하더라도, 감히 하나님의 전능하심에 도전하는 것뿐이고 최악의 경우에는 그분의 존재 자체에 의구심을 갖게 만드는 질문이기 때문이다.

먼저, 이 질문의 전제에는 문제가 하나 있다. 하나님께서 자신의 본성과 상응하는 일이라면 무엇이든지 할 수 있다는 것은 맞는 말이긴 하지만, 그분이 모든 것을 하실 수 있다고 생각하는 것은 매우 우스꽝스러운 일이다. 예를 들면, 하나님께서는 거짓말을 하실 수 없고(히 6:18), 시험에 들지도 않으신다(약 1:13). 또한 자신의 존재를 멈추실 수도 없다(시 102:25-27).

더구나, 한쪽으로만 치우친 삼각형을 만들 수는 없듯이, 하나님은 스스로 움직이지도 못하는 무거운 바위를 만드시지 않는다. 전능하신 하나님이 창조하신 것들은 너무나 당연히 그가 움직이

실 수 있다. 다른 말로 하면, 하나님은 논리적으로 가능한 모든 일을 하실 수 있다.

결론적으로, 무신론자들이 기독교의 신관을 비하하기 위해 이와 유사한 여러 질문을 선동하는 것을 유의해야 한다. 그러므로 모든 질문을 타당한 것으로 쉽게 짐작하기보다는 질문에 대해 의구심을 가지고, 그 질문에 다시 역으로 질문하는 훈련을 해야 한다.

미련한 자의 어리석은 것을 따라 대답하지 말라. 두렵건대 너도 그와 같을까 하노라. 미련한 자에게는 그의 어리석음을 따라 대답하라. 두렵건대 그가 스스로 지혜롭게 여길까 하노라. ^{잠 26:4-5}

자연이라고 하는 책은 무엇인가?

내가 자연의 책*을 언급할 때마다 사람들은 예외 없이 어디서 그 책을 구할 수 있는지 궁금해한다. 자연의 책이란 과연 무엇을 말하는가?

첫째, 자연의 책은 일반 계시를 가리키는 표현이다. 특별 계시는 하나님이 자신과 세상을 화목하게 하시고, 죄로 타락한 인류를 구원하시기 위해 무엇을 행하셨는지를 보여 준다(성경). 이에 반해 일반 계시는 하나님께서 창조 세계에 나타내신 것들을 보여 준다(자연의 책). 다윗 왕이 이렇게 고백했듯 말이다. "하늘이 하나님의 영광을 선포하고 궁창이 그의 손으로 하신 일을 나타내는도다. 그의 소리가 온 땅에 통하고 그의 말씀이 세상 끝까지 이르도다. 하나님이 해를 위하여 하늘에 장막을 베푸셨도다"(시 19:1, 4).

또한 자연의 책은 하나님의 보이지 않는 속성들을 드러낸다.

사도 바울도 정확히 지적했다. "창세로부터 그의 보이지 아니하는 것들 곧 그의 영원하신 능력과 신성이 그가 만드신 만물에 분명히 보여 알려졌나니 그러므로 그들이 핑계하지 못할지니라"(롬 1:20).

마지막으로, 자연의 책은 자연 계시를 통해 인간의 이성과 논쟁한다. 물론, 자연 계시의 해설적인 능력을 우주의 신비에 적용한 일은 실패했으며, 이는 이교도 사상가들이 스스로를 지적(知的)으로 막다른 골목에 처하게 만들었다. 아리스토텔레스는 사물이 어떻게 존재하게 되었는가를 설명하고자 목적론적 세계관을 정립했다. 반면 어거스틴은 자연의 책을 살피며 실제로는 어떻게 세상이 하나님에 의해 창조되었는지를 발견했다. 루터는 흙으로 도자기를 빚는 토기장이가 아리스토텔레스보다 더 많이 자연에 대한 지식을 가지고 있을 것이라 말했다.

간단히 말해 아리스토텔레스는 자신이 진정한 발명과 혁신의 시대에 살고 있다고 생각했지만, 그것은 과학의 진보를 배제한 편협한 생각이었다. 한편 인지할 수 있는 원리에 따라 우주의 질서를 세운 합리적인 신의 견해를 가졌던 소크라테스는, 천문학적 관측이 "시간 낭비일 뿐"이라고 주장했다. 플라톤 또한 그의 제자들에게 "하늘의 별들을 귀찮게 하지 말고 내버려 두라."고 말했다. 그들은 하늘을 보고 점성술*(astrology)에 심취했지만, 정작 천문학(astronomy)의 영역은 탐구하지 않았다. 마찬가지로, 그들은 연금술의 마법을 터득하면서도 화학 고유의 엄청난 지식에는 태연하게 무지함을 드러냈다.

> 하늘이 하나님의 영광을 선포하고 궁창이 그의 손으로 하신 일을 나타내는도다. 날은 날에게 말하고 밤은 밤에게 지식을 전하니 언어도 없고 말씀도 없으며 들리는 소리도 없으나 그의 소리가 온 땅에 통하고 그의 말씀이 세상 끝까지 이르도다. 하나님이 해를 위하여 하늘에 장막을 베푸셨도다. ^{시 19:1-4}

과학을 추종하는 사람들이
성경을 믿는 사람들도 될 수 있는가?

중세 시대의 사상가들은 하나님의 계시야말로 지식의 열쇠라는 깨달음으로 신학을 "과학의 여왕"(Queen of the Science)으로 치켜세웠다. 루벤스(Peter Paul Rubens)는 그러한 당대의 믿음을 "교회의 승리"(The Triumph of the Eucharist)라고 명한 그의 17세기 작품에서 품위 있게 그려내고 있다. 위풍당당하게 천사의 호위를 받으며 마차를 몰고 있는 사람은 신학이고, 곁에 따르는 백발의 지혜로운 노인은 철학이며, 과학은 우주적 토론에 처음 끼어드는 신출내기 청년이다. 이 그림의 요지는 이렇다. 신학이 철학과 과학에 결코 부재할 수는 없다. 신학이 그들을 이끌기 때문이다. 그러므로 신학을 배재한 철학과 과학은 가차 없이 무지의 시궁창에 빠지게 된다. 루벤스만 그러한 확신을 가진 것은 아니었다.

우리가 현대 과학의 개척자로 여기는 레오나르도 다빈치(Leonardo da Vinci)조차 "태초에 하나님이 천지를 창조하시니라."

는 성경적 진리에 깊이 헌신된 사람이었다. 마찬가지로 현대 화학의 아버지이자 시대를 초월한 당대 최고의 물리학자로 불리는 로버트 보일(Robert Boyle) 또한 창세기의 창조기사를 옹호하는 유능한 변증가였다.

더 나아가 미적분학을 개발하고 중력의 법칙을 발견했으며 최초의 반사 망원경을 설계한 탁월한 지성인 뉴턴(Sir Isaac Newton)도 열정적으로 성경의 창조기사를 변호했다. 저온 살균법(pasteurization)의 개발과 자연발생설*의 주장을 일축했던 일로 잘 알려진 루이 파스퇴르(Louis Pasteur)는 계시의 힘을 강조했고, 다윈주의 진화론자들이 제시한 황당무계한 증거들을 하찮은 것으로 여겼다.

마지막으로, 과학이 발견한 무수한 별과 은하수의 진정한 주인공들은 모두 하나님의 사람들이자 과학의 사람들이었다. 그 예로 요하네스 케플러(Johannes Kepler; 천문학), 프란시스 베이컨(Francis Bacon; 과학적 방법론), 블레즈 파스칼(Blaise Pascal; 수학, 철학), 칼 폰 린네(Carolus Linnaeus; 생물학적 분류학), 그레고르 멘델(Gregor Mendel; 유전학), 마이클 패러데이(Michael Faraday; 전자기), 조셉 리스터(Joseph Lister; 무균수술), 헨리에타 스완 리비트(Henrietta Swan Leavitt; 천문학) 그리고 클라라 스웨인(Clara Swain; 의학)을 들 수 있다.

이상의 위대한 인물들은 그 배경을 막론하고 모두 성경과 경험주의적* 과학을 동시에 헌신적으로 붙들었던 사람들이었다. 그들은 이처럼 자연의 책*을 펼쳐 그 안에 나타난 하나님의 계시를 보았을 뿐 아니라 성경의 계시에 드러난 진리를 함께 조명했다.

하나님께서 우주의 별들 가운데서도
복음을 계시하시는가?

The Creation Answer Book

나는 지난 몇 년간 소위 '마법의 변증론'을 지향하는 그야말로
신앙에 경종을 울릴 만한 새로운 유행들을 주시했다. 그중에서도
가장 미심쩍은 부류는 소위 GIS(the Gospel In the Stars)로 불리는
'태고천문학'(太古天文學)이다. 이 가설을 추종하는 사람들은 하나
님이 태초부터 모든 인류가 볼 수 있게끔 하늘의 황도 12궁에 복
음 메시지와 하나님의 구원 계획을 드러내셨다고 주장한다. 언뜻
보면 호감이 가는 주장일 수 있지만, 깊이 들여다보면 진리와 전
혀 상반되는 잘못된 사상임을 알 수 있다.

첫째, GIS는 '오직 성경'(Sola Scriptura; Scripture Alone)의 기독
교 진리와 위배된다. '오직 성경'은 성경만이 계시의 유일한 자
료라고 주장하는 사상은 아니다. 그러나 성경이 구속 계시의 유
일한 보고(寶庫)라고 하는 데는 결코 이의가 없다고 말하는 것이
다. 또한 성경 어디에도 하나님이 구원에 대한 특별 계시를 성

경 외에 또 하나의 자료 즉, 태고천문학에 주셨다고 말하지 않는다. 특별 계시의 유일하고 무오한 자료는 오직 성경밖에 없다. 예수님뿐 아니라 선지자, 사도 그리고 초대 교회의 그 누구도 GIS 따위를 하나님의 구원 계획을 위한 변증 수단으로 사용하지 않았다.

더욱이 GIS는 특별 계시와 일반 계시를 서로 혼동한다. 일반 계시는 하나님의 영광을 창조 질서와 지적 설계를 통해 선포한다(시 19:1). 반면 특별 계시는 성경에 제시된 "여호와의 율법"에서 근거를 찾는다(7절). 창조 세계의 빛을 통해 우리는 창조주 하나님에 관한 무언의 지식을 얻는다. 율법은 우리를 그리스도께로 인도하는 초등교사가 된다(갈 3:24). 하늘의 별들이 우리에게 죄의 문제로부터 구원받을 수 있는 구체적인 정보를 제시해 준다고 믿는 것은 상식적으로도 납득이 안 되는 일이다. 일반적으로 평범한 사람이라면 밤하늘의 별자리를 보면서 하나님의 구원 계획을 깨닫기란 매우 어려울 것이다.

마지막으로, GIS는 별자리를 하나님께서 금하시는 미신적인 수단으로 사용함으로써 그분이 정해 놓은 별들의 자연스러운 용도에 역행한다. 별들이 지닌 자연스러운 용도란 "낮과 밤을 나뉘게 하고, 징조와 계절과 날과 해를 이루게 하며, 땅을 비추는 일"이다(창 1:14-15). 별들은 또한 자연 계시의 역할뿐 아니라 위치

확인을 위한 내비게이션에 이르기까지 다양하게 활용되기도 한다. GIS가 '오직 성경'의 진리를 간과함으로 인해 특별 계시(성경 계시)와 일반 계시(자연 계시)를 서로 혼동했고, 미신적인 요소마저 부추기게 되었다. 그리스도인들은 분별력을 가지고 이러한 사상을 경계하고 배격해야 하며, 진리를 위한 성경적인 변증 논리를 알아야 한다. 모든 그리스도인은 하나님께서 천지만물을 창조하셨고, 예수 그리스도께서 부활의 능력으로 친히 하나님의 아들이심을 증명하셨다는 것과 성경이 단지 인간 저자의 글이 아니라 신적 영감을 받은 유일무이한 특별 계시임을 밝히 드러내야 한다.

모세가 창세기를 기록했는가?

창세기 창조기사에 관해 불만을 품은 사람들은, 모세오경(Pentateuch; 5권의 책)이라 불리는 성경의 첫 다섯 책을 가리켜 모세의 저작이 아니라고 주장한다. 그러나 진실은 그들의 주장과 정반대다.

성경의 다른 저자들, 여호수아, 에스라, 다니엘 그리고 바울은 모세오경을 모세의 저작물로 밝히 인정한다. 또한 모세오경의 본문도 모세가 저자라고 말한다. 예를 들면 출애굽기에서 다음과 같은 구절도 볼 수 있다. "…여호와께서 모세에게 이르시되 '너는 이 말들을 기록하라. 내가 이 말들의 뜻대로 너와 이스라엘과 언약을 세웠음이니라' 하시니라. 모세가 여호와와 함께 사십 일 사십 야를 거기 있으면서 떡도 먹지 아니하였고 물도 마시지 아니하였으며 여호와께서는 언약의 말씀 곧 십계명을 그 판들에 기록하셨더라"(출 34:27-28).

더 나아가 예수님도 모세의 저작을 신적 권위로 인증하셨다. "모세를 믿었더라면 또 나를 믿었으리니 이는 그가 내게 대하여 기록하였음이라. 그러나 그의 글도 믿지 아니하거든 어찌 내 말을 믿겠느냐 하시니라"(요 5:46-47). 또한 결혼과 이혼에 관해 언급하실 때는 창세기 2장에 기록된 모세의 글을 직접적인 근거로 언급하시며 자신의 설명을 덧붙이셨다. "예수께서 이르시되 모세가 너희 마음의 완악함 때문에 아내 버림을 허락하였거니와 본래는 그렇지 아니하니라. 내가 너희에게 말하노니 누구든지 음행한 이유 외에 아내를 버리고 다른 데 장가 드는 자는 간음함이니라"(마 19:8-9).

마지막으로, 이같이 신·구약 말씀뿐 아니라 다른 중요한 요소에서도 모세의 저작 사실을 지지하고 있다. 예를 들면 모세라고 하는 이름 자체가 출애굽의 확증적인 증거 자료임을 입증한다. 그 이름은 이집트 전통에 기원을 두고 있으며, 동시에 출애굽 시기에 사용되던 이름이기도 하다. 게다가 창세기, 출애굽기, 레위기, 민수기 그리고 신명기의 저자는 이집트의 이름과 단어들, 문화와 동식물, 심지어는 지리에도 능통한 당시 상황의 실제 목격자임이 분명하다. 저자가 이집트의 포로, 출애굽, 40년의 광야 생활, 약속의 땅 입성을 목전에 둔 마지막 야영 등을 실제로 목격하지 않은 한, 그러한 모든 지식과 정보를 입수하기란 거의 불가능했을 것이다.

요약하면, 모세의 저작권을 부정하는 사람들이 그 근거를 성경적 또는 역사적 증거에 두었다기보다는 기독교 신앙을 거부하고 초자연적 믿음에 반대하는 성향을 지녔거나 혹은 그러한 영향을 받은 것으로 보인다.

> 빌립이 나다나엘을 찾아 이르되 모세가 율법에 기록하였고 여러 선지자가 기록한 그이를 우리가 만났으니 요셉의 아들 나사렛 예수니라. 요 1:45

창세기의 기발함이란 무엇인가?

창세기를 문학적 걸작이라고 평가하는 것은 창세기의 웅장함
과 우아한 기품을 오히려 축소한 발언이다. 최고의 뛰어난 영감
으로 모세는 문학적 상징과 반복되는 시적 구조를 역사적 진술
속에 함께 엮어 냈다. 그뿐만 아니라 구속 계시의 기초를 다져 놓
기 위해 소설의 요소(등장인물, 플롯, 기승전결)도 효과적으로 사용
했다. 인간의 타락을 언급하고 있는 장에서는 회복을 위한 하나
님의 계획이 기록되어 있다. 그 계획은 결국 하나님께서 아브라
함과 맺은 "땅의 모든 족속이 너로 말미암아 복을 얻을 것이라 하
신지라."(창 12:3)는 약속으로 연결된다. 즉 아브라함의 부르심은
아담의 죄에 대해 하나님이 준비하신 치료 해독제인 것이다. 그
러나 여기까지도 저자의 기발함은 극히 일부에 불과하다. 창세기
는 내용이 서서히 전개되면서 그 주제와 메시지가 쉽게 기억되도
록 구성되어 있다.

시작에서부터 창세기는 하나님의 창조 능력을 되새기는 문학적 연산 기호와 함께 본문을 기술하고 있다. 첫 여섯 날은 인간 창조를 가장 영광스러운 피날레로 장식하며 창조 질서의 수직 구조적인 윤곽을 그려 준다. 칠 일째 되는 날에는 우리가 그 안에서 궁극적인 쉼을 얻게 되는 창조주 하나님 자신의 안식을 보여 준다. 그러한 방식으로 창조사는 기억되고, 칠 일이라는 삶의 순환을 통해 우리의 일상에서도 매주 되새겨진다.

더욱이 창세기의 나머지 부분들은 우리의 열 손가락으로 기억할 수 있도록 구성되어 있다. 한 손으로는 원시 역대기를 헤아릴 수 있다. 하늘과 땅의 기사(창 2:4-4:26), 아담(5:1-6:8), 노아(6:9-9:29), 노아의 아들들(10:1-11:9) 그리고 고대 근동지역의 조상인 셈(11:10-26). 또 다른 손으로는 아브라함의 부친 데라(11:27-25:11), 이스마엘(25:12-18), 이삭(25:19-35:29), 에서(36:1-43) 그리고 이스라엘로 불린 야곱(37:2-50:26)을 셀 수 있다.

마지막으로, 우리는 구텐베르크(인쇄기술) 후기 시대에 살고 있는 사람들임을 인식해야 한다. 우리는 좋은 교육을 암기와 암송 능력보다는 읽기와 쓰기 능력과 연관 지어 생각한다. 그러나 고대인들은 그렇지 않았다. 당시의 지배적인 구술문화로 인해 사람들은 암기 능력을 가장 중요하게 여기며 훈련했다. 그렇기 때문에 창세기에는 다수의 히브리어 대칭구조나 병행구조 또는 점진적인 일곱 패턴들이 나타난다. 대칭구조의 한 예가 인류의 첫 타락을 다룬 기사에서 잘 드러난다.(창 2:4-3:24; 남자와 여자의 창조, 뱀의 유혹, 죄를 중심으로 그리고 다시 뱀에 대한 형벌, 여자와 남자.) 칠 일간의 창조기사(창 1:3-27)는 일곱 패턴으로서 세 번씩의 병행 구조를 가지고 있다.(첫째 날과 넷째 날, 빛/발광체; 둘째 날과 다섯째 날, 하늘과 바다/바다와 하늘의 피조물; 셋째 날과 여섯째 날, 땅/땅의 피조물; 일곱째 날, 안식.)

칠 일간의 창조기사로부터 시작하여 열 손가락으로 암기할 수 있는 구조에 이르기까지 창세기는 구속사 전체에 대해 기억할 만한 통합된 대서사시이다.

세 가지 중요한 변증적 주제는 무엇인가?

세 가지 중요한 변증적 주제는 생명의 기원, 부활 그리고 성경의 권위이다. 그중에서도 가장 중심이 되는 주제는 역시 생명의 기원에 관한 것이다.

사람이 자신의 기원을 어떻게 생각하느냐에 따라 어떤 인생을 살아갈지가 결정된다. 당신이 그저 임의로 발생한 단세포로부터 시작하여 진화의 과정 속에 있다고 상상해 보라. 하나님의 형상을 따라 지음받고 하나님 앞에서 책임 있는 존재로 창조되었다는 사실을 아는 것과는 전혀 다른 가치관과 인생관을 갖고 살게 될 것이다.

또한 기독교 세계관에서는 땅의 기초를 세우신 전능하신 창조주 하나님께서 자신을 오히려 낮추시고 인간의 육신을 입어 땅으로 내려오셨다고 믿는다. 완전한 하나님이자 동시에 완전한 사람이신 예수님은 우리에게 생명을 주시기 위해 우리를 대신해 죽으셨을 뿐 아니라 우리를 대신해 사망의 권세를 이기고 다시 살아나심으로써 우리의 생명의 주가 되심을 입증하셨다. 그렇기 때문에 그리스도는 소위 성인으로 불리는 무함마드나 석가모니 또는 공자와 같은 인물들과는 근본적으로 차원이 다르다.

마지막으로, 우리는 "태초에 하나님이…"라고 시작하는 성경을 구속의 계시를 담고 있는 신적 영감으로 기록된 무오한 하나님의 말씀이라고 확신한다. 그리스도인으로서 우리는 이러한 진리를 맹목적인 신앙으로 믿는 것이 아니라 확고한 진리에 근거한 믿음으로 받아들이고 있다.

> 너희 마음에 그리스도를 주로 삼아 거룩하게 하고 너희 속에 있는 소망에 관한 이유를 묻는 자에게는 대답할 것을 항상 준비하되 온유와 두려움으로 하고. 벧전 3:15

1장

창조 그리고
첫 번째

심화학습

The
Creation
Answer
Book

우주의 정교한 조율이
다중우주이론에 의해 무색해지는가?

The Creation Answer Book

물리학 이론가 스티븐 호킹(Stephen Hawking) 박사는 수많은 우주 즉, 다중우주(multiverse)라고 하는 것이 우주의 정교한 조율을 설명하고 있다고 주장한다. 다른 말로 하면, 충분한 수의 우주가 임의로 주어질 때 그중 하나가 지적 생명체를 지지할 뿐만 아니라 전적인 우연이 정교한 조율을 만들어 낸다는 주장의 필요충분조건도 채우게 된다는 것이다. 그러나 현실적으로 다중우주론은 측량할 수 없는 방대한 우주의 미세한 조정을 인간의 상상으로 설명해 보려고 애쓴 참담한 시도에 불과하다.

우리가 현재 살고 있는 우주 외에 다른 물리적인 우주공간의 존재를 증명할 만한 증거는 눈곱만큼도 없다. 우주는 사실 무한 개수로 끝없이 펼쳐 있는 것이 아니다. 호킹 박사를 비롯해 그러한 환상을 갖고 있는 다수의 사람들은 다중우주에 대한 그들의 생각을 과학적 발견에 근거하기보다 자신들만의 종교적 갈망 또는 이론적 가설로 주장한다.

이렇듯 다중우주론은 과학의 기본을 간과하는 태도일 뿐 아니라 일반 상식 기준에도 전혀 미치지 못한다. 물리적 증거가 철학적으로 증명될 수 없는 명제의 제단에 희생된 다중우주 환경에서 한 살인자에게 유죄판결을 내린다고 상상해 보자. 그러한 다중우주에서는 공기 중에 난데없이 권총이 나타났다는 식의 이야기가 목격자의 증언만큼이나 신빙성을 얻게 될 것이다.

마지막으로, 호킹 박사의 동료이자 저명한 물리학 이론가 로저 펜로즈(Roger Penrose) 박사는 비록 불가지론자(不可知論者, agnostic)임에도 불구하고, 다중우주이론은 "무기력"하고 "틀린" 가설에 불과하다고 정확하게 결론지었다. 빅뱅은 매우 극미한 가능성을 가진 사건으로 규명되었고, 다중우주이론에 의해 제공되는 확률론적 자료 또한 불충분한 것으로 밝혀졌다. 따라서 우주의 정교한 조율에 대한 가장 타당한 설명은 오직 "태초에 하나님이 천지를 창조하시니라."에서만 볼 수 있다.

무(無)로부터의 창조가 왜 신학적으로 중요한가?

무로부터의 창조에 대한 개념이 절충되고 혼동되며, 심지어는 모순된 것처럼 보인다고 할지라도, 신학적으로 이보다 더 확실하고 중요한 주제는 드물다. 그 이유는 무로부터의 창조 교리가 하나님의 존재에 대한 필요성을 제기할 뿐더러 하나님의 신적 자유 의지와 무소불능한 신적 능력을 보여 주기 때문이다.

무로부터의 창조는 반드시 존재하지 않을 수 없는 신적 존재의 필요성을 주장하는 논지를 뒷받침한다. 그래서 초대교회의 교부들은 창조주 하나님 아버지를 창조되고 누군가로부터 발생된 다른 모든 피조물과 구분하여 '창조되지 않은'(uncreated) 그리고 '발출되지 않은'(unbegotten) 분으로 묘사했다. 다른 말로 하면 하나님을 제외한 이 땅에 존재하는 모든 만물은 하나님의 창조적 결정에 기초하여 창조주의 뜻에 따라 존재한다는 것이다.

더 나아가 무로부터의 창조는 하나님께서 창조하시거나 그렇지 아니하실 수 있는 신적 자유의지에 주목하게 한다. 모든 우주 만물은 하나님이 의무적으로 만드신 것도 아니고, 실수로 만들어진 것도 아니다. 하나님은 자신의 신적 자유의지 가운데 창조주 자신과 구별된 피조물 즉, 인간과 동식물을 창조하시기로 뜻하신 것이다.

마지막으로, 무로부터의 창조 교리는 하나님만 홀로 무소불능한 존재라는 사실을 강조한다. 만일 이미 존재하고 있는 어떤 물질에 의존해서 그것으로 세상을 창조하셨다면, 우리가 믿는 하나님은 말씀으로 명하사 모든 피조물을 생명으로 부르신 전지전능한 하나님이 아닌 불완전한 다른 어떤 존재로 전락한다.

무로부터의 창조가 신학적으로 중요한가? 말할 필요도 없다. 하나님의 무로부터의 창조는 세상의 모든 기초를 바꿀 만큼 엄청난 차이를 가져오는 중요한 주제이기 때문이다.

> 대저 여호와께서 이같이 말씀하시되 하늘을 창조하신 이 그는 하나님이시니 그가 땅을 지으시고 그것을 만드셨으며 그것을 견고하게 하시되 혼돈하게 창조하지 아니하시고 사람이 거주하게 그것을 지으셨으니 나는 여호와라 나 외에 다른 이가 없느니라. 사 45:18

성경은 하나님께서 평평한 지구를 만드셨다고 말하는가?

코넬대학(Cornell University)의 창시자이자 학장이던 앤드류 딕슨 화이트(Andrew Dickson White)는 그의 저서 *A History of the Warfare of Science with Theology in Christendom*(과학과 기독교의 신학 전쟁사)에서 페르디난드 마젤란(Ferdinand Magellan)이 지구가 둥글다는 사실을 경험주의적*으로 증명한 지(1519년) 200년이 지난 후에도 기독교 근본주의자들이 끈질기게 평평한 지구의 신화를 주장해 온 유감스러운 현실에 대해 표명했다. 그러나 이는 사실과 거리가 멀다.

첫째, "평평한 지구"(flat earth)라는 명칭 자체는 정치적 선전이라고 할 수 있다. 혹자는, 평평한 지구의 끝자락에서 항해하는 (죽음의 공포 때문에 폭동을 일으킨 선원들 가운데서도 용기를 잃지 않았던) 콜럼버스의 이야기에서 "평평한 지구"라는 용례가 사용되었음을 기억할 것이다. 안타깝게도 일부 광신도들이 평평한 지구의 신화에 집착하는 것과는 반대로 어거스틴에서 아퀴나스에 이르는 교부들은 이미 한 목소리로 지구는 둥근 구(球, spherical)로 이루어졌다고 주장했다.

진화된 인간이 고대인보다 더 계몽되었다는 주장 또한 다윈주의 신조가 지닌 흔적기관*이라는 편견에 불과하다. 현대인들이 아이폰처럼 혁신적인 제품을 생산할 수 있는 축적된 지식을 갖고 있는 것처럼, 피라미드를 건축한 천재적인 고대인들이 어느 날 갑자기 무지몽매*하게 되지는 않는다. 개기월식이 평평한 지구에 의해서는 나타날 수 없다는 사실을 깨닫게 하기 위해 우주 과학자까지 동원할 필요는 없는 것이다. 문제는 포스트모던 시대의 현대인들은 과학을 잘 알지만 성경 해석학의 기술에서는 갈수록 무지해지고 있다는 사실이다. 그리하여 시적 표현을 위한 언어들이 '네 발로 기는 듯한' 저급한 수준으로 해석되고 있다. 이사야 40장 22절에는 "그는 땅 위 궁창에 앉으시나니 땅에 사는 사람들은 메뚜기 같으니라. 그가 하늘을 차일 같이 펴셨으며 거주할 천막 같이 치셨고."라는 표현이 있다. 어떤 이들은 이 구절의 "궁창"(circle of earth)이라는 표현 때문에 지구가 둥그런 구형인 증거라 주장하기도 하고, 또 어떤 이들은 "펴셨으며"(spreads out)라는 표현 때문에 이를 빅뱅 우주이론의 증거로 제시하기도 한다. 또 다른 이들은 "천막"(tent)이란 표현을 빌려 성경이 평평한 지구를 보여 주는 것이라고 말하기도 한다. 그러나 어거스틴이 분명하게 말했듯이 이사야서의 언어는 스스로 자중하고 있듯이 매우 시적이고 은유적이다. 이사야서를 자기 마음대로 해석해서 읽다 보면, 하나님이 마치 땅 위에 물리적인 저택을 지어 살고 계시며, 이국적인 마차를 몰고 다니시는 모습의 엉뚱한 상상에 빠지게 될 것이다.

마지막으로, 그리스 로마 세계의 계몽주의가 중세 암흑기의 성직자들에 의해 르네상스로부터 분리되었다고 주장하는 논지는 최악의 경우 수정주의 역사(revisionist history)관으로 치부될 수 있다. 그리스와 로마의 역사를 아우르는 천 년의 기간은 이성적인 사고보다는 비이성적인 미신에 더 집착한 시기로 특정지어진다는 게 정확한 견해다. 사실 그리스 로마인들은 변덕스러운 신들에 의해 좌지우지되는 비이성적인 세계관의 생각에 사로잡혀 있었다. 아리스토텔레스 이후 거의 천 년 동안 그리스 사상에 취해 있던 한심한 귀족들은 서양 문명에 혁명을 가져다줄 굴뚝, 시계 그리고 자본주의 발달을 초래했던 기독교 시대가 다가올 것은 꿈도 꾸지 못했다.

요약하면, 평평한 지구 따위를 언급하는 정신 상태의 수준은 남성이 모든 면에서 여성보다 우월하다고 주장했던 진화론의 주창자 찰스 다윈이나 흑인이 백인보다 "자연적으로 열등한 존재"

라고 주장했던 계몽주의 철학자 데이비드 흄(David Hume)과 같은 이들에게 더 어울릴 법한 이야기다.

격차 이론은 어떠한가?

격차 이론 또는 중조설(reconstruction theory; 재창조설)은 현대 과학의 여명을 시작으로 우주의 지질 연대와 창세기의 창조기사를 타협해 보려는 시도에서 출발했다. 19세기 스코틀랜드 신학자 토마스 차머스(Thomas Chalmers)로 시작하여 20세기 스코필드 관주 성경(Scofield Reference Bible)으로 거슬러 올라갈 수 있는데, 격차 이론은 창세기 1장 1-2절 사이에 엄청나게 큰 폐허의 지질 연대가 있다고 주장한다. 꾸준한 대중적 인기를 얻고 있음에도, 이 이론에는 적어도 3가지의 우려가 계속해서 뒤따른다.

첫째, 여기서 주장하는 지질학적 격차는 성경적 안목보다는 과학적 발견에만 전적으로 의존한 것으로 보인다. 고생물학자들에 의해 발견된 백만 년 된 화석들은 아담이 살기도 전에 있었던 대홍수에 의해 멸종한 동식물들의 잔재라고 말한다. 대중적으로는 루시퍼의 홍수라고도 불리는데, 이러한 지구의 잔해는 사단과 귀신들에 대한 심판이었다고 한다. 또한 창세기 1장 1-2절의 각각 기록된 사건들 사이에서 그러한 대재앙이 일어났다고 주장한다. 그리고 이 재앙은 창세기 1장 3절부터 시작하는 7일간의 재건 기간으로 이어진다.

그러나 격차 이론은 완전히 조작된 것에 불과하다. 해당 본문의 문맥이나 성경 어디에도 그러한 간격은 언급되지 않는다. 그저 과학과 성경의 대립으로 보이는 것들을 해결해 보려고 단지 즉흥적으로 그럭저럭 꾸며 낸 이야기에 불과하다. 과학은 아담 이전에 선행하는 물리적인 악을 증명하려는 것으로 보이지만, 물리적이고 인격적인 악은 아담의 타락 이후 발생했음을 성경은 말한다.(창 3:17-18; 롬 5:12-21; 8:19-21; 고전 15:20-26. 이 책 142쪽의 "동물들이 겪는 고통도 아담의 범죄 때문인가?", 그리고 145쪽의 "육식 동물과 자연 참사가 타락 이전에 존재할 수 있는가?"를 참고하라.)

마지막으로, 문맥을 무시한 채 본문을 취해서 잘못된 전제의 구실로 삼은 취약점을 갖고 있다. 스코필드 관주 성경의 주석에서 그 전형적인 예를 발견할 수 있다. 그 첫 구실은 '창조하다'(create)와 '만들다'(made)라는 두 단어가 구별된 다른 의미가 있다는 데서 시작한다. 창조(create:bara)란 '무에서 만드는 것'을 의미하고, 만든(made:'asah)이란 '이전에 이미 창조된 어떤 것을 다시 만들거나 재구성하는 것'을 말한다. 그러므로 지구는 창세기 1장 1절에서 창조되었고, 혼돈과 공허는 심판에 의해 1-2절 사이에 만들어졌으며, 재건은 그 이후에 이루어졌다는 주장이다. 그러나 성경은 '창조하다'와 '만들다'라는 단어를 서로 바꿔 가며 교차적으로 사용하고 있다. 창세기 1장 26-27절이 그 단적인 예이다. "우리의 형상을 따라 우리의 모양대로 우리가 사람을 만들고(make; 'asah) … 하나님이 자기 형상 곧 하나님의 형상대로 사람을 창조하시되(created; bara)…."

조금만 뚜껑을 열어 보면, 임기응변적이라고 할 수 있는 지리학적 간격을 주장하기 위해 사용된 비슷한 구실들이 다분히 많음을 알 수 있다. 언급할 필요도 없지만 성경은 우리에게 창조 연대를 밝혀 주기 위해 기록된 책이 아니다. 하나님의 백성들에게 더 중요한 사실은 성경의 창조기사가 창조의 질서 또는 등급을 보여 준다는 점과 창조의 면류관인 인간 창조에 이르러 하나님의 창조 기사가 절정에 이른다는 사실이다.

> 태초에 하나님이 천지를 창조하시니라. 땅이 혼돈하고 공허하며 흑암이 깊음 위에 있고 하나님의 영은 수면 위에 운행하시니라. 하나님이 이르시되 빛이 있으라 하시니 빛이 있었고, ^{창1:1-3}

2장

창조와
에덴동산

The
Creation
Answer
Book

아담과 하와는 실제로 존재했는가?

소위 말해서 기독교 사상가라고 불리는 사람들 중에도 아담과 하와의 존재를 묻는 질문에 "아니오."라고 답하는 이들이 점점 많아지는 추세다. 유신론적 진화론자이자 바이오로고스(BioLogos)의 설립자이며 오바마 대통령에 의해 미국국립보건원(National Institutes of Health) 원장으로 지명된 프랜시스 콜린스(Francis Collins) 박사도 그중 한 명이다. 그의 견해에 따르면, 현 인류는 수십만 년 전에 약 만여 명 정도로 추정되는 영장류들로부터 발생한 것이지 단 두 명으로부터 발생한 것은 아니라는 게 과학자들의 입장이라는 것이다. 그뿐 아니라 바이오로고스의 성경학자인 피터 엔즈(Peter Enns)는, "성경은 [인류의 첫 남자와 여자에 대한 기사에 있어서] 상징적인 해석을 요구한다."라고 말한다. 이 장에서 제기하는 질문은, "아담과 하와는 과연 존재했는가? 아니면 그들은 단지 상징적인 존재일 뿐일까?"이다.

콜린스 박사와 그의 동료가 다윈주의 진화론을 강력하게 옹호하고 있지만, 그들의 견해는 사실과 거리가 멀다. 다윈은 그의 소망을 캄브리아 폭발*의 화석으로 이어지는 수십만 년에 걸친 진화의 잃어버린 연결고리*에 둔다. 그러나 현실적으로 화석 기록이 남긴 자료의 빈약함이란 부끄럽고 당황스러울 정도이다. 사실상 알려진 모든 체제는 캄브리아기 때 돌연히 나타났다. 더 직설적으로 말하자면, 캄브리아 폭발*이 다윈의 생명나무*를 낳은 것이다.

나아가 성경은 역사적 아담과 하와의 존재를 부정하는 유신론적 진화론자들의 집단적인 수사법에 명확히 반대한다. 바울도 매우 분명하게 말했다. "[하나님께서] 인류의 모든 족속을 한 혈통으로 만드사 온 땅에 살게 하시고 그들의 연대를 정하시며 거주의 경계를 한정하셨으니"(행 17:26). 실로 성경은, 제대로 된 과학적 지식과 함께, 종(kind)이 "그 종류대로"(창 1:25) 재생산함을 분명히 말해 준다. 또한 첫 사람 아담이 죽음으로 결말되는 영원한 죄로 추락하지만 않았다면 하나님께서 '둘째 아담'(예수님)을 보내주실 필요도 없었을 것이다. 바울은 강조한다. "사망이 한 사람으로 말미암았으니 죽은 자의 부활도 한 사람으로 말미암는도다. 아담 안에서 모든 사람이 죽은 것 같이 그리스도 안에서 모든 사람이 삶을 얻으리라"(고전 15:21-22).

마지막으로, 우리 주님도 아담과 하와를 부인하는 자들의 생각에 짙은 먹구름을 불러일으키신다. "예수께서 대답하여 이르시되 사람을 지으신 이가 본래 그들을 '남자와 여자로' 지으시고"(마 19:4). 예수님이 하신 말씀조차도 상징적으로만 해석하려는 이들을 위해 정확히 말하자면, 예수님은 아담과 하와의 아들 아벨이 살인당한 사건을 언급하시며, 역사적인 아담과 하와의 존재를 확증해 주신다(마 23:25). 그뿐 아니라 누가도 궁극적으로 이방인들에게 복음서를 쓰면서 아브라함에서 위로 거슬러 올라가 아담에까지 이르는 확장된 족보를 기록하여 예수님이 곧 전 인류의 구원자로 오신 둘째 아담이란 사실을 강조한다. 그것도 부족하다고 한다면 역대상하에서도 아담에서부터 바벨론 포로기에 이르는 역사적 기록을 제공해 준다. 마찬가지로 창세기 5장 1절에서 모세는 말한다. "이것은 아담의 계보를 적은 책이니라"(창 5:1a).

한 가지 확신할 수 있는 것은 비록 창세기가 유대적인 시의 형태와 조합된 역사적 내러티브기는 하지만, 그렇다고 해서 무조건 상징적인 해석만 요구되는 것은 결코 아니라는 점이다.

생명나무란 무엇인가?

The Creation Answer Book

인류 역사상 가장 뛰어난 현자였던 솔로몬은 "지혜", "의인의 열매" 그리고 "소원이 이루어지는 것"을 "생명나무"에 비유했다 (잠 3:18; 11:30; 13:12). 그러나 그러한 아름다움과 축복의 전형인 생명나무는 골고다 언덕을 사이에 둔 두 개의 동산에 그 궁극적인 뿌리를 두고 있다.

태초에 생명나무는 에덴동산의 중앙에 서 있었다. 아담과 하와가 금단의 열매를 먹었을 때, 그 나무는 잃어버린 낙원에 대한 기념비로 남겨졌다. "이같이 하나님이 그 사람을 쫓아내시고 에덴 동산 동쪽에 그룹들과 두루 도는 불 칼을 두어 생명나무의 길을 지키게 하시니라"(창 3:24).

또한 역사의 다른 한편에서는 생명나무가 영원한 동산에 서 있는데 이번에는 되찾은 낙원의 기념비로서 존재한다. 묵시의 천사가 계시록에서 사도 요한에게 보여 준 장면이다. "또 그가 수정

같이 맑은 생명수의 강을 내게 보이니 하나님과 및 어린 양의 보좌로부터 나와서 길 가운데로 흐르더라. 강 좌우에 생명나무가 있어 열두 가지 열매를 맺되 달마다 그 열매를 맺고 그 나무 잎사귀들은 만국을 치료하기 위하여 있더라. 다시 저주가 없으며 하나님과 그 어린 양의 보좌가 그 가운데에 있으리니 그의 종들이 그를 섬기며"(계 22:1-3). "귀 있는 자는 성령이 교회들에게 하시는 말씀을 들을지어다. 이기는 그에게는 내가 하나님의 낙원에 있는 생명나무의 열매를 주어 먹게 하리라"(계 2:7).

끝으로, 생명나무는 역사의 버팀목으로 골고다 언덕 위에 서 있다. 바로 거기에서 예수님이 한 팔은 에덴동산을 향해 펼치시고, 또 다른 한 팔은 영원한 동산을 향해 펼치셨다. 첫째 아담은 영원불멸한 생명을 얻는 데 실패했지만 둘째 아담은 성공했다. 그리하여 예수님은 사망 권세를 이기시고 사단의 세력을 멸하셔서 선을 알게 하는 참 지식에 대한 궁극적인 승리를 가져오셨다.

> 지혜를 얻은 자와 명철을 얻은 자는 복이 있나니 이는 지혜를 얻는 것이 은을 얻는 것보다 낫고 그 이익이 정금보다 나음이니라. 지혜는 진주보다 귀하니 네가 사모하는 모든 것으로도 이에 비교할 수 없도다. 그의 오른손에는 장수가 있고 그의 왼손에는 부귀가 있나니 그 길은 즐거운 길이요 그의 지름길은 다 평강이니

라. 지혜는 그 얻은 자에게 생명 나무라 지혜를 가진 자는 복되

도다. 잠 3:13-18

.

선악을 알게 하는 나무란 무엇인가?

선악을 알게 하는 나무는 영적 진리를 비춰 주는 물리적 현실의 가장 오래된 예라고 할 수 있다(요 3:12).

하나님은 인간을 시험하기 위해 선악을 알게 하는 나무를 에덴동산의 중앙에 놓으셨다. 그러나 사단은 하나님께서 명령하신 금기사항 즉 "선악을 알게 하는 나무의 열매는 먹지 말라. 네가 먹는 날에는 반드시 죽으리라 하시니라."(창 2:17)를 유혹하는 말로 왜곡시켰다.

더욱이 선악을 알게 하는 나무는 순종과 불순종 사이 그리고 장엄한 계시(하나님의 진리)와 도덕적 상대주의(나의 진리) 사이에서의 중요한 선택을 상징한다.

마지막으로, 비록 아담이 죄를 범했지만 하나님은 자비를 베푸셨다. 아담을 동산 밖으로 내쫓아 다시는 생명나무에 접근할 수 없도록 하셨다. 만일 그렇게 하지 않으셨다면 인류는 영적으로 타락한 상태에서 불멸한 육신의 몸을 입고 영원히 존재했을 것이다. 그야말로 지옥이 아닐 수 없다. 그러나 다행히 우리는 지옥을 면할 수 있게 되었다. 낙원도 다시 회복되었다. 그러므로 아담의 후손인 우리는 인격화된 모든 선이신 예수님께서 스스로 모든 악을 감당하기 위해 궁극의 대가를 지불하신 그 생명나무를 반드시 받아들여야 한다.

여호와 하나님이 그 땅에서 보기에 아름답고 먹기에 좋은 나무가 나게 하시니 동산 가운데에는 생명 나무와 선악을 알게 하는 나무도 있더라. 창2:9

창세기는 사단을 왜 옛 뱀으로 묘사하는가?

The Creation Answer Book

성경은 사단을 하나님이 약속한 여자의 후손(메시아)이 그 머리를 밟아 멸하게 될 뱀으로 묘사한다. 이러한 은유적 표현은 중요한 의미를 지닌다.

창세기의 교활한 뱀에 대한 성경의 묘사는 사단의 몰락을 가장 잘 그려 냈다. 타락한 천사인 사단은 한때 천상에서 특권을 누렸던 위치에 있었다. 그러나 하나님을 대적한 이후로는 짐승들보다도 더 낮고 비천한 자리에 있다. 동물들은 다리가 있지만, 뱀은 배로 기면서 땅의 부정한 것들을 먹는다. 구약성경에 익숙한 사람은 즉시 그 의미를 눈치 챌 것이다. 모세처럼 미가도 하나님의 목적을 방해하려는 나라들을 뱀에 빗대어 설명한다. "그들이 뱀처럼 티끌을 핥으며 땅에 기는 벌레처럼 떨며 그 좁은 구멍에서 나와서 두려워하며 우리 하나님 여호와께로 돌아와서 주로 말미암아 두려워하리이다"(미 7:17).

또한 모세 시대의 원래 청중들은 뱀이 가진 의미에 매우 친숙했다. 이스라엘 백성들은 광야에서 하나님께 불순종한 형벌로 불뱀을 만났고, 그들 마음 한편에는 치명적인 독으로 백성들을 죽게 했던 불뱀에 대한 처참한 기억이 선명히 남아 있다.

또한 이스라엘 백성들은 모세가 아라바*에서 들어올렸던 놋뱀도 결코 잊지 못할 것이다(민 21:4-9). 불뱀에 물려 죽어 가던 자들은 놋뱀을 올려다봄으로써 구원을 얻는다. 독이 없는 놋뱀처럼 예수님은 죄악된 인간의 모습을 입으셨지만 죄가 전혀 없으셨다. 그러므로 뱀은 유혹의 상징이기도 하지만, 광야에 들린 놋뱀은 우리를 살리기 위해 죽으러 오신 구원자의 모형이기도 하다(요 3:14-15).

마지막으로, 뱀의 이미지는 성경에서 이교도 신화의 문학적 전복*으로 사용되기도 한다. 우가리트 본문(Ugaritic text; 고대 가나안의 전유대[pre-Jewish] 문헌)에 따르면, 구름을 타고 혼돈의 수면에 똬리를 틀고 누워 있는 7개 머리 달린 뱀을 바알이 무찌르고 있지만, 실제로는 천지를 창조하신 여호와 하나님만이 그 뱀의 머리를 부서뜨릴 수 있다(창 3:15). 이를 요약하면, 성경은 이교도들이 가졌던 뱀의 이미지를 강렬한 신학적 변증 도구로 사용하여 나무와 돌로 만들어져 구원할 능력이 없는 거짓 신들의 실체를 폭로했다.

그 날에 여호와께서 그의 견고하고 크고 강한 칼로 날랜 뱀 리워야단 곧 꼬불꼬불한 뱀 리워야단을 벌하시며 바다에 있는 용을 죽이시리라. 사27:1

하와는 말하는 뱀으로부터 속임을 당했는가?

The Creation Answer Book

성경을 문자적으로 읽는 것은 성경을 하나의 문학으로만 읽는 것이다. 이 말은, 우리가 다른 형태의 의사소통을 해석하듯이, 하나님의 말씀도 저자의 의도와 문맥 안에서 가장 분명하고 자연스러운 의미로 해석해야 한다는 뜻이다. 모세가 뱀이라고 하는 은유적 표현을 사용했을 때, 우리가 그것을 문자 그대로만 해석한다면 모세가 의도했던 의미에서 벗어나게 된다.

또한 문자적 해석 방법은 본문의 모든 객관적인 의미를 제거해 버리는 영적인 해석만큼이나 성경의 본문을 훼손하는 행위다. 만일 역사적 실존 인물인 아담과 하와가 금지된 열매를 먹지 않아서 죽음으로 끝나는 죄악된 삶을 후손에게 물려주지 않았다면, 그리스도의 구속 사역은 필요 없었을 것이다. 반면에 만약 창세기가 단지 유혹, 죄 그리고 구속에 관한 추상적인 개념을 전해 주는 하나의 알레고리에 불과하고 역사의 실제 사건과 상호 관련이

전혀 없다면 기독교의 모든 근간은 무너지고 말 것이다.

　마지막으로, 모세는 사단을 옛 뱀으로 묘사했고 그와 유사하게 사도 요한은 사단을 옛 용으로 묘사했다. 그들은 사단의 어떤 겉모습을 우리에게 말하려는 것이 아니다. 오히려 사단이 어떠한 존재와 같은지 가르치려 하고 있다.(용은, 어찌됐건, 신화적인 존재이지 신학적인 존재는 아니다.) 만약 우리가 사단을 미끈미끈한 뱀이나 불을 뿜는 용으로 생각한다면 타락한 천사의 본질에 대해 오해하는 것이다. 그뿐 아니라 사단의 권세에 대한 예수님의 승리를 십자가의 죽음과 부활을 통해 얻은 것으로 여기지 않고(골 2:15), 기어 다니는 뱀의 머리를 짓밟아서 얻은 것처럼 오해할 수 있다(창 3:15).

　정리하면, 하와는 실제로 말하는 뱀에 의해 속임당한 게 아니다. 마음 대 마음의 인격적인 소통을 통해 하와를 유혹했던 사단의 간계를 보여 주기 위해 뱀을 상징적으로 사용한 것이다. 오늘날에도 사단은 똑같은 방법으로 이성과 논리와 생각과 감정을 통해 우리를 넘어뜨리려 하고 있다.

　　그런데 뱀은 여호와 하나님이 지으신 들짐승 중에 가장 간교하니라. 뱀이 여자에게 물어 이르되 하나님이 참으로 너희에게 동산 모든 나무의 열매를 먹지 말라 하시더냐.[창 3:1]

창세기 1장과 2장이 서로 대립되는가?

창세기의 1장과 2장이 처음부터 서로 모순되기 때문에 성경은 결코 구속 계시의 무오한 보고일 수 없다고 말하는 비판적인 대학 교수들의 주장을 종종 듣게 된다. 무슨 말인가? 창세기 1장에서는 식물의 창조가 사람과 동물보다 선행하지만, 2장에서는 사람의 창조가 동식물의 창조보다 먼저라는 것이다.

몇 안 되는 문장에서 저자가 스스로 모순에 빠지기란 거의 불가능하다. 더욱이 창세기에서 사용되는 세련된 문학적 장치를 생각할 때 내러티브 안에 더 깊은 목적이 숨어 있음을 독자는 즉시 감지할 수 있다. 근본주의자들은 창세기를 해석할 때, 그 풍성한 문학적·영적 부요함을 음미하기보다는 미로 찾기와 같이 혼란스러운 문자적 해석을 과도하게 추구하는 경향이 있다. 그럴 경우 결국 말도 안 되는 넌센스 같은 결론만 얻게 된다.

또한 창세기 1장과 2장을 피상적으로 읽는다고 하더라도, 저자가 각기 다른 목적을 가지고 기록한 것임을 쉽게 눈치 챌 수 있다. 창세기 1장은 하나님의 창조적인 능력을 세 가지 단계의 위계질서로 일주일의 날들과 연관하여 말씀하고 있다. 반면 2장은 창조의 절정이자 면류관이라고 할 수 있는 남자와 여자의 창조에 초점을 맞추고 있다. 사람은 피조 세계 그리고 창조주 하나님과 올바른 관계를 맺도록 특별히 고안된 하나님의 모양과 형상을 닮은 독특한 피조물이다.

마지막으로, 유한한 인간이 무한하신 하나님의 본성과 그분의 뜻을 조금이라도 알 수 있도록 성경이 하나님의 신적인 말씀임에도 인간의 언어로 표현되었다는 사실을 잊어서는 안 된다. 창조의 연대에 관심을 두는 사람은 하나님의 계시인 자연의 책* 외에 다른 것을 더 찾아볼 필요도 없다. 결국에 어디까지 가든지 끈질기게 증거를 찾고 있는 사람들은 성경과 과학을 모두 열린 마음으로 함께 읽게 될 것이다.

> 여호와 하나님이 땅에 비를 내리지 아니하셨고 땅을 갈 사람도 없었으므로 들에는 초목이 아직 없었고 밭에는 채소가 나지 아니하였으며 안개만 땅에서 올라와 온 지면을 적셨더라. 여호와 하나님이 땅의 흙으로 사람을 지으시고 생기를 그 코에 불어넣으시니 사람이 생령이 되니라. 창2:5-7

하나님의 형상과 모양으로 창조되었다는
의미는 무엇인가?

The Creation Answer Book

창세기 1장 26절은 인간이 하나님의 형상대로 창조되었다고 말한다. 우리 인간은 하나님의 비공유적 속성(전지전능하심 또는 무소부재하심)을 공유하고 있지 않다. 그러나 하나님의 공유적 속성을 제한적이고 불완전하게나마 지니고 있다. 단적인 예로 영성(요 4:24), 지성(골 3:10) 그리고 도덕성(엡 4:24) 등이 있다. 그렇기 때문에 우리는 창조 사역의 최고 면류관으로서 단순히 하나님의 닮은꼴이 아니라 하나님의 어떠하심, 즉 그분의 특성을 반영하는 존재이다.

첫째, 타락에도 불구하고 인류는 하나님의 형상을 소유하고 있음을 반드시 기억해야 한다. 우리 안에 있는 그러한 신적 형상은 비록 타락으로 인해 손상을 입기는 했지만 완전히 잃어버리지는 않았다. 예수님의 동생이던 야고보는 사람이 "하나님의 형상대로 지음을" 받았다는 사실을 언급하고 있다(약 3:9).

또한 성화를 통해 하나님은 우리 안에 손상되고 부서진 하나님의 형상을 새롭게 하신다. "너희가 서로 거짓말을 하지 말라. 옛 사람과 그 행위를 벗어 버리고 새 사람을 입었으니 이는 자기를 창조하신 이의 형상을 따라 지식에까지 새롭게 하심을 입은 자니라"(골 3:9-10).

마지막으로, 하나님께서 타락한 인간을 온전히 회복시키실 것이라는 사실이 신자들에게 자유함을 누리게 한다. "우리가 흙에 속한 자의 형상을 입은 것 같이 또한 하늘에 속한 이의 형상을 입으리라"(고전 15:49). 그리스도인은 언젠가 창조의 면류관인 인간에게 지금 나타나고 있는 하나님의 형상이 예수 그리스도 안에서 온전히 회복될 것이라는 확실한 약속을 붙들고 있다. 그리스도는 "보이지 아니하는 하나님의 형상이시요, 모든 피조물보다 먼저 나신 이"(골 1:15)이기 때문이다.

비록 우리는 "자기 속에 생명이 있는"(요 5:26) 생명의 근원되시는 창조주 하나님과 결코 똑같아질 수는 없지만, 그리스도를 통해 "세상에서 썩어질 것을 피하여 신성한 성품에 참여하는 자"(벧후 1:4)가 될 수 있다.

> 하나님이 자기 형상 곧 하나님의 형상대로 사람을 창조하시되 남자와 여자를 창조하시고.^{창 1:27}

하나님께서 왜 아벨의 제물은 받으시고
가인의 것은 거절하셨는가?

The Creation Answer Book

아벨의 제사가 피의 제물이었기 때문에 받아들여진 것이고, 가인의 제물이 피가 없는 곡식이었기 때문에 거절당했다고만 생각해서는 안 된다. 곡식도 제물이 될 수 있다. 이들은 각자 부름받은 일터에서 얻은 소산을 바쳤다. 그러나 아벨은 양의 첫 새끼와 기름을 드렸지만, 가인은 땅의 첫 번째 소산을 드리지 않았다. 문제는 결국 마음의 상태와 믿음에 있었던 것이다.

또한 가인이 분하여 안색이 변했을 때 그의 악한 기질도 드러났다. 죄는 그러한 추악한 질투와 복수심으로 가인을 다스렸다. 그리고 가인은 "처음부터 살인한 자"(요 8:44)인 그의 아비, 마귀의 악한 특성과 교활함을 이미 닮고 있었다. 가인은 전혀 낌새도 눈치 채지 못했던 아벨을 계획적으로 불러내어 악한 마음을 품고 살인을 저질렀다.

마지막으로, 가인의 악한 기질은 자신이 받아 마땅한 형벌에 대한 불평에서 다시 발견된다. 가인은 자신의 죄로 인한 죄책감과 뉘우침으로 힘들었던 게 아니라 그 결과로 자신이 피해를 입을까 봐 더 괴로웠다. 회개해서가 아니라 형벌 때문에 가인은 두려운 나머지 아담의 후손으로부터 보호받기를 간청했던 것이다.

창세기에 나타난 가인의 제사는 비록 사람은 외모를 보지만 하나님은 내적인 것을 꿰뚫어 보시고, 그 마음의 중심과 의도를 통찰하신다는 사실을 잘 가르쳐 준다.

> 아벨은 자기도 양의 첫 새끼와 그 기름으로 드렸더니 여호와께서 아벨과 그의 제물은 받으셨으나 가인과 그의 제물은 받지 아니하신지라 가인이 몹시 분하여 안색이 변하니 창4:4-5

가인은 어디서 아내를 얻었는가?

창세기 기사를 거부하는 가장 공통적인 반론 중의 한 가지는 창세기 4장 17절에서 언급되고 있는 가인의 아내에 관한 의문점이다. 하나님께서 아담에게 했듯 가인에게도 초자연적으로 아내를 만들어 주지 않은 이상 그의 누이들 중의 하나와 근친혼을 맺을 수밖에 없었을 것이다.

우리는 아담이 거의 천 년을 살았다는 사실을 기억해야 하고(창 5:5), "생육하고 번성하여 땅에 충만하라."(창 1:28)는 하나님의 명령에 따랐음을 생각해야 한다. 그러므로 성경은 가인이 어디에서 그의 아내를 얻었는지 알려 주고 있지 않지만, 논리적으로 생각해 본다면 가인은 그의 여동생이나 조카와 결혼했을 가능성이 매우 높다.

한편 유전적 결함은 시간이 흐름에 따라 축적되는 것이기 때문에 인류 역사의 초기 단계에서는 근친혼에 대한 금기가 아마 없었을 것이다. 하나님께서는 가인 이후 오랜 세월이 지나 모세 시대에 들어와 근친상간에 대한 금기를 율법으로 정하셨다. 그리하여 가족 간의 관계가 유지되었고, 선천적 기형으로부터 보호할 수 있었다(레 18:6,9).

마지막으로, 마치 아담에게 그랬듯이 하나님께서 가인을 위해서도 특별히 아내를 따로 만드셨을 거란 상상은 상당히 잘못된 견해이다. 성경은 일관적으로 다음과 같이 가르친다. "인류의 모든 족속을 한 혈통으로 만드사 온 땅에 살게 하시고 그들의 연대를 정하시며 거주의 경계를 한정하셨으니 이는 사람으로 혹 하나님을 더듬어 찾아 발견하게 하려 하심이로되 그는 우리 각 사람에게서 멀리 계시지 아니하도다"(행 17:26-27).

> 아내와 동침하매 그가 임신하여 에녹을 낳은지라. 가인이 성을 쌓고 그의 아들의 이름으로 성을 이름하여 에녹이라 하니라.
>
> 창 4:17

2장

창조와
에덴동산

심화학습

The
Creation
Answer
Book

두 창조론의 본질적인 요소들은 무엇인가?

성경을 믿는 그리스도인들이 창세기 1장과 2장을 해석하는 데 있어서 다른 견해를 보이고는 있지만, 다음과 같은 세 가지 본질적인 요소에서는 모두 같은 의견이다.

첫째, 창세기를 포함한 모든 성경이 구속 계시의 무오한 진리를 담고 있음을 믿는다. 해석상에는 차이가 있지만 성경의 영감설에는 모두 동의하는 것이다.

또한 하나님께서 우주 만물을 무에서부터 창조하셨다는 진리를 모두 확신한다. 더 나아가 생명체 종의 수평적 변화(소진화; microevolution*; 마치 박테리아가 항생제에 저항력을 가지게 되는 변화)는 받아들이지만, 수직적 변화(대진화; macroevolution*; 한 종에서 다른 종으로 변화)는 결단코 거부한다.

마지막으로, 아담과 하와가 상징적으로 묘사된 허구의 인물이 아니라 하나님의 형상을 따라 특별히 창조된, 실제 역사적으로 존재했던 인류의 첫 조상임을 믿는다. 그렇기 때문에 하나님께서 첫 인류를 탄생시키는 데 순전히 자연적 과정만을 이용했다고 주장하는 유신론적 진화론을 비롯한 모든 자연적 패러다임을 부정한다.

만일 그러한 자연적 패러다임이 사실이라면, 창세기는 잘해야 상징적인 알레고리이거나 최악의 경우에는 우스꽝스러운 희극으로밖에는 보이지 않을 것이다. 또한 창세기가 그러한 알레고리나 희극에 불과하다면, 성경의 나머지 부분도 모두 믿을 수 없게 된다. 다른 말로 하면, 아담과 하와가 실제로 존재해서 하나님이 금하신 선악과를 먹고 죽음으로 치닫는 죄와 사망의 길로 들어선 사건이 사실이 아니라면, 인류 구원에 대한 필요성도 사라지고 기독교의 복음 자체가 불필요한 것이 된다.

> 땅과 거기에 충만한 것과 세계와 그 가운데에 사는 자들은 다 여호와의 것이로다. 여호와께서 그 터를 바다 위에 세우심이여 강들 위에 건설하셨도다. 시 24:1-2

창세기 1장 26절의 "우리"는 누구를 가리키는가?

주석가들은 창세기 1장 26절의 "우리"라고 하는 표현을 천사들, 위엄의 복수형(plural of majesty) 또는 신적 복수형(divine plurality)이라고 말한다. 어느 해석이 옳은가?

비록 성경은 하나님의 보좌를 둘러싼 천사들이 그분을 경배하고 명령을 수행하는 것으로 묘사하고 있지만, 천사들이 인간 창조에 관여했거나 사람이 천사의 모양을 따라 지은 바 되었다고 주장할 만한 성경적인 근거는 전혀 없다. 물론 사람은 오직 "하나님의 형상"을 따라 창조되었다(창 1:27).

또한 창세기 1장 26절의 1인칭 복수형 인칭대명사인 "우리"가 성부 하나님을 더 온전하고 장엄하게 표현하는 '위엄의 복수형'으로 쓰였다는 성경적인 사례는 없다.

마지막으로, 넓은 문맥 안에서 보면 복수 대명사인 "우리"가 신적 복수형인 삼위일체 하나님을 지칭하는 것이라는 해석에 타당한 근거가 있다. 이어지는 구절에 보면, 사람은 복수(남자와 여자)로 창조되었다고 말한다. 결국 남자와 여자의 유한한 관계를 하나님의 위격 안에 있는 무한한 관계의 형상에서부터 창출해 낸 것이다. 그리고 성경은, 더 넓은 문맥을 통해, 하나님을 영원히 구별되는 삼위이면서도 일체이신 한 하나님으로 우리에게 계시하고 있다.

> 하나님이 이르시되 우리의 형상을 따라 우리의 모양대로 우리가 사람을 만들고 그들로 바다의 물고기와 하늘의 새와 가축과 온 땅과 땅에 기는 모든 것을 다스리게 하자 하시고.^{창 1:26}

하나님이 한 분이라면,
왜 성경은 그를 복수로 지칭하는가?

The Creation Answer Book

어째서 유대인들은 유일신론을 강경하게 주장하면서도, '엘로힘'(Elohim)이라는 복수 형태의 단어를 사용하여 하나님을 지칭했을까?

이는 '제왕의 복수형'(royal plural) 또는 '위엄의 복수형'(plural of majesty)으로 간단히 설명될 수 있는 것은 아니다. 히브리 성경은 1인칭 복수형을 하나님 외에 그 어느 화자에게도 적용한 적이 없다(창 1:26).

또한 성경은 창세기부터 요한계시록에 이르기까지 하나님을 한 본성 또는 한 본질로 계시한다(신 6:4; 사 43:10; 엡 4:6). 동시에 그 하나님은 구분되는 세 위격으로 영원히 존재하고 계심을 나타낸다(고전 8:6; 히 1:8; 행 5:3-4). 그러므로 엘로힘의 복수 형태는 위격의 복수를 의미하지 복수의 신들을 의미하는 것은 아니다.

마지막으로, 비록 엘로힘이 삼위일체 하나님을 추측하는 것이

기는 하지만, 그 단어 자체만으로는 삼위일체 하나님을 증명할
수는 없다. 그리스도인들은 단순히 하나의 문법적 용례에 의존해
서 신학적인 주장을 펼치기보다는 성경에 나타난 하나님의 구분
되는 세 위격, 즉 삼위일체 하나님으로 영원히 존재하심을 성경
전체에서 듣고 깨닫는 훈련을 해야 할 것이다.

이스라엘아 들으라 우리 하나님 여호와는 오직 유일한 여호와
이시니. 신6:4

원시복음(창 3:15)의 중요성은 무엇인가?

The Creation Answer Book

하와는 절대 생각도 해서는 안 되는 일에 유혹을 받았다. 그것은 선과 악을 결정하는 하나님의 위치를 넘보는 일이었다. 사단은 유혹했고, 여자는 유혹의 탐스러운 열매를 맛보았다. 인간에게 선택의 자유 즉, 자유의지를 주었던 하나님은 그분의 주권적인 뜻과 섭리 가운데 잠재적으로 인간의 악을 허용하셨다. 그러나 인류의 타락을 기록하고 있는 바로 그 본문에서 타락의 문제를 해결할 약속의 말씀(창 3:15)을 주셨다.

원시복음은 복합단어로서 '최초의(first; proto) 복음(gospel; evangel)'이라는 의미를 지닌다. 즉 원시복음은 인류의 타락과 그에 따른 죽음에 맞서는 구원의 소망을 가장 처음으로 담아낸 복음이다.

또한 우리는 원시복음 속에서 복음의 초기 단계를 경험하고, 성경의 나머지 이야기를 읽으며, 온전한 복음의 메시지를 듣게 될 것이다. 아담의 불순종에서부터 아브라함의 후손에 이르기까지 성경은, 점진적으로 펼쳐지는 하나님의 구속 계획을 연대기적으로 보여 준다. 뱀은 메시아의 발뒤꿈치를 물고, 메시아는 뱀의 머리를 밟아 승리할 것이다.

마지막으로 "하나님의 나라가 임하옵시며."라고 기도하는 것은 그리스도께서 이미 전쟁에서 승리했음을 상기하는 것임과 동시에 그분의 통치가 아직 완성된 것은 아니라는 현실을 보여 준다. 현재 우리는 십자가의 승리와 마지막 때의 중간에 처해 있다. 오늘날의 쉬운 표현을 빌리자면, 우리는 D-day와 V-day 사이에 있는데, 여기서 D-day는 사단이 결정적으로 패망하게 된 그리스도의 초림을, V-day는 잃어버린 낙원이 되찾은 낙원으로 변화되는 재림의 때를 가리킨다고 보면 된다.

역사는 이 세상의 왕국이 우리 주님의 왕국으로 바뀔 영광스럽고 극적인 최종 결말을 향해 치닫고 있다. 그날에 이르면 우리는 한때 아담과 하와가 그랬듯이 하나님과 함께 동산에서 거닐게 될 것이다.

> 내가 너로 여자와 원수가 되게 하고 네 후손도 여자의 후손과 원수가 되게 하리니 여자의 후손은 네 머리를 상하게 할 것이요 너는 그의 발꿈치를 상하게 할 것이니라 하시고. 창 3:15

창조와
노아의 홍수

The
Creation
Answer
Book

변형된 대홍수 이야기가 왜 중요한가?

길가메시 서사시(Epic of Gilgamesh), 아트라하시스 서사시(Epic of Atrahasis) 그리고 에리두 창세기(Eridu Genesis)와 같은 변형된 대홍수 기록들은 비록 신화에 불과하지만, 여전히 문화적 가치를 지닌 보물인 것만은 사실이다.

창세기의 노아 홍수 기록과 변형된 대홍수 기록의 유사성은 '인류 공통의 유산'으로 가장 잘 설명할 수 있다. 다른 말로 하면, 그들 모두 '실제 홍수 사건'이라는 같은 사건에서 파생되었다는 것이다. 노아의 후손들이 하나님으로부터 그리고 서로 간에 멀어짐에 따라 실제 역사적 사건에 인간의 윤색과 해석이 나름대로 덧붙여지게 된 것으로 충분히 생각할 수 있다.

또한 변형된 대홍수 이야기의 존재는 창세기의 기록이 담고 있는 실재 홍수 사건을 더욱 강조한다. 창세기는 역사적 기록임과 동시에, 그 당시 인류가 겪었던 현실을 실제로 반영한 것이 분명하다는 말이다. 창세기는 옛 문서임에도 불구하고, 주변의 다른 고대 신화처럼 예측 불가능한 신들의 잡다한 이야기로 꾸며져 있지 않다. 오히려 어느 정도는 세밀한 부분까지 과학 문명의 검증에 의해 수긍할 만한 내용을 담고 있다. 예를 들면, 길가메시 서사시에 등장하는 우스꽝스러운 정육면체 모양의 방주와는 달리 창세기에 묘사된 노아 방주는 현대 기술로 보아도 물 위에 안정적으로 떠 있을 수 있다고 판단되는 이상적인 배의 설계 모습이다.

마지막으로, 변형된 대홍수 이야기들은 대홍수의 현실이 수메르 시대부터 현재까지 모든 주요 문명 속에 집단적인 의식으로 각인되어 있다는 사실을 깨닫게 해 준다. 비록 그러한 변형된 서사시들은 이교도 신앙이라고 하는 불투명한 렌즈를 통해 대홍수 사건을 바라보았지만, 그럼에도 그들은 실제로 대홍수가 발생했다는 사실에 신뢰를 더해 주고 있다.

결국, 길가메시 서사시와 같은 변형된 대홍수 이야기들은 고대 메소포타미아 지역에서 발생한 거대한 홍수 사건의 존재를 확인시켜 주며, 노아라는 인물과 방주의 실재를 사실상 뒷받침해 주는 중요한 증거 자료가 된다.

내가 홍수를 땅에 일으켜 무릇 생명의 기운이 있는 모든 육체를

천하에서 멸절하리니 땅에 있는 것들이 다 죽으리라. ^{창 6:17}

창세기는 전 지구상의 대홍수가
사실임을 입증하고 있는가?

구글로 검색만 해 봐도 창세기의 노아 홍수 이야기는 성경을 믿지 않는 사람들이 가장 즐겨 공격하는 주제이다. "만약 홍수로 산이 물에 잠겼다면 해수면은 29,055피트(약 8,856미터)가 되어 방주의 모든 동물이 다 얼어 죽고 숨쉴 산소도 부족했을 것이다."라며 비웃는다. 그러나 이는 사실과 다르다.

첫째, 홍수로 불어난 물이 29,055피트(에베레스트 산의 고도보다 20피트 높은 수치)로 치솟을 것이라는 추측은 잘못된 해석이다. 판구조(plate tectonics) 과학 조사에 따르면, 오늘날의 에베레스트 산의 고도는 노아 홍수 시기로 추측되는 때보다 현격히 높아졌다는 사실이 분명히 밝혀졌다.

또한 성경 본문 자체는 노아 홍수가 전 세계적인 현상이거나 전 인류적인 현상인지에 관해 말하고 있지 않다. 그러한 논쟁은 자연의 책*을 바르게 정독함으로써 궁극적인 해결을 얻게 될 것이다(시 19:1-4).

마지막으로, 당시의 문명은 대부분 초승달 지대*에 국한되었기에, 노아 홍수가 지구상의 지리학적인 전 세계를 모두 뒤덮었다고 성급하게 추측할 필요는 없다. 예를 들어, 성경에서 "온 세상 사람들이 다 하나님께서 솔로몬의 마음에 주신 지혜를 들으며 그의 얼굴을 보기 원하여."(왕상 10:24)라고 말씀할 때, 광적인 근본주의자들만이 호주 원주민과 북중미 인디언들도 여기서의 "온 세상"에 포함된다고 주장한다. 그러나 문자에 집착하여 확대 해석할 필요는 없다. 성경을 통해 노아 홍수에 대해 한 가지 확신할 수 있는 사실은, "…방주에서 물로 말미암아 구원을 얻은 자가 몇 명뿐이니 겨우 여덟 명이라."(벧전 3:20)이며, 성경은 노아 홍수의 실재 역사적 사건을 전하고 있다는 것이다.

노아는 방주 안으로 일곱 쌍의 동물을 이끌고
들어갔는가, 아니면 두 쌍만 데려갔는가?

The Creation Answer Book

명문 학교인 노스캐롤라이나대학 채플힐 캠퍼스(University of
North Carolina, Chapel Hill)의 저명한 종교학 교수인 바트 애먼(Bart
Ehrman) 박사는 그의 저서 『예수 왜곡의 역사』(*Jesus, Interrupted*)를
통해 노아가 방주로 데려온 동물들의 개체 수를 두고 혼란스러워
하고 있음을 드러냈다. 그는 다음과 같은 질문을 던졌다. "노아는
과연 창세기 7장 2절에서처럼 정결한 짐승 일곱 쌍을 들여보냈는
가? 아니면 창세기 7장 9-10절의 기록대로 단지 두 쌍만 들여보냈
는가?"

나는 다른 방식으로 질문해 보려 한다. "창세기와 같은 위대한
걸작을 기록한 저자가 몇 구절에서 혼동했다고 생각하는 게 타당
한 판단일까?", "애먼 박사가 너무 사소한 것에 구애되어 큰 것을
놓치고 있는 것은 아닐까?"

애먼 박사의 질문은 과연 적절한가? 아니면, 그저 논란을 일으

키려고 하는 것인가? 애먼 박사는 결론적으로 말해서 근거 없는 불필요한 문제를 만들어 냈다. 창세기 7장 9-10절은 노아가 단지 두 쌍씩만 데려왔다고는 말하지 않는다.

마지막으로, 만약 애먼 박사가 정말로 답을 원한다면 본문을 주의 깊게 살펴봐야 한다. 몇 구절 전에 하나님께서는 노아에게, "혈육 있는 모든 생물을 너는 각기 암수 한 쌍씩 방주로 이끌어 들여 너와 함께 생명을 보존하게 하되."(창 6:19)라고 말씀하셨다. 그리고 추가로 "너는 모든 정결한 짐승은 암수 일곱씩, 부정한 것은 암수 둘씩을 네게로 데려오며 공중의 새도 암수 일곱씩을 데려와 그 씨를 온 지면에 유전하게 하라."(창 7:2-3)고 말씀하셨다. 이 구절들은 우리에게 충분한 답을 제공해 준다.

> 홍수가 땅에 있을 때에 노아가 육백 세라. 노아는 아들들과 아내와 며느리들과 함께 홍수를 피하여 방주에 들어갔고, 정결한 짐승과 부정한 짐승과 새와 땅에 기는 모든 것은 하나님이 노아에게 명하신 대로 암수 둘씩 노아에게 나아와 방주로 들어갔으며, 칠 일 후에 홍수가 땅에 덮이니. ^{창 7:6-10}

노아의 홍수를 믿는 것이 어리석은가?

성경적 세계관의 관점에서 볼 때, 노아의 홍수는 인류 역사의 가장 큰 대재앙으로 볼 수 있다. 그러나 인터넷에서 남을 조롱하는 자들의 관점에서는 가장 우스꽝스러운 이야기로 들릴 수 있다. 하지만 과연 그럴까?

상식적으로 우리가 살고 있는 우주를 설명하기 위해 과학적이면서 동시에 초자연적인 설명을 모두 허용할 수밖에 없다. 생명의 기원이나 인간의 심리와 같은 실재적인 문제들은 과학적 설명만으로는 해명하기 매우 어렵다.

또한 이성 스스로가 우리를 자연 세계 너머에 있는 초자연적 창조주를 바라보게 한다. 그 창조주는 세상을 유지할 뿐 아니라 자신이 창조한 피조물들의 삶에도 초자연적으로 개입하시는 분이시며, 노아 홍수의 기사가 이를 잘 보여 준다.

마지막으로 무가 유를 만들고, 생명이 무생명에서 나오며, 무

생명이 결국에는 도덕적인 인격체로 성장하는 등의 말도 안 되는 진화론의 주장을 믿기보다는, 인격적이고 전지전능하신 창조주께서 하늘과 땅의 모든 만물을 창조하셨음을 믿는다면, 창세기의 노아 홍수 기사를 믿는 데도 어려움이 없을 것이다.

창조와
노아의 홍수

심화학습

The
Creation
Answer
Book

궁창 이론은 신뢰할 만한가?

궁창 이론(canopy theory)은 노아 홍수 시기 때까지 수증기 막이 지구를 궁창 아래의 물과 궁창 위의 물로 나누었다고 주장한다 (창 1:7). 이 이론은 전 세계적인 대홍수에 필요한 물에서부터 인간 장수에 필요한 온실 효과를 모두 설명하는 데 사용한다. 그러나 과연 실제로 그럴까?

"하늘 위에 있는 물들"과 그것들을 붙들고 있는 창공 즉, "하늘의 하늘"도 노아 홍수 이전과 마찬가지로 노아 홍수 이후에도 성경에 기록되어 있다(시 148:4-6). 이는 궁창 이론에 종말을 고하는 치명적인 징조가 아닐 수 없다.

또한 성경을 곡해하는 것은 그 의미를 놓치는 것과 같다. "누가 지혜로 구름의 수를 세겠느냐? 누가 하늘의 물주머니를 기울이겠느냐? 티끌이 덩어리를 이루며 흙덩이가 서로 붙게 하겠느냐?" (욥 38:37-38)라는 성경의 질문에 잘못된 '캐니스터'(canister) 이론을 내세움으로써 본문을 왜곡시키는 이들도 있다. '캐니스터' 이론은 궁창 이론과 마찬가지로, 현실에 전혀 부합하지 않는다.

마지막으로, 젊은 지구 창조론자들의 문헌에도 적절히 표현된 것처럼 노아 홍수 이전의 수증기 막은 지구 표면을 "참을 수 없을 정도로 뜨겁게 만들었을 것이기에 결코 노아 홍수에 동원된 수력 자원이 될 수 없다."

하늘의 하늘도 그를 찬양하며 하늘 위에 있는 물들도 그를 찬양할지어다. 그것들이 여호와의 이름을 찬양함은 그가 명령하시므로 지음을 받았음이로다. 그가 또 그것들을 영원히 세우시고 폐하지 못할 명령을 정하셨도다. 시 148:4-6

창세기 6장에서 타락한 천사들이
여인들과 성적 관계를 맺었는가?

창세기 6장 4절은 성경에서 가장 논란이 되는 구절이기도 하다. 다른 난해한 본문들과 함께 이 구절 또한 다양한 해석을 초래해 왔다. 그러나 성경적 세계관을 신실하게 붙들고 있는 사람이라면 여인들과 타락한 천사들이 성적 관계를 맺었다고 주장하는 터무니없는 해석만큼은 반드시 거부해야 한다. 다음과 같은 이유로 인해 이러한 이교도적 미신 사상이 성경의 해석에 끼어드는 것을 거부한다.

무엇보다도 중요하게 천사들이 실질적으로 육체를 '생산'할 수 있다는 생각과 인간 여자와 실제로 성관계를 할 수 있다는 주장은 예수님께서 그의 부활의 진위를 입증하고자 하신 말씀과 상반된다. 주님께서는 제자들에게, "내 손과 발을 보고 나인 줄 알라. 또 나를 만져 보라. 영은 살과 뼈가 없으되 너희 보는 바와 같이 나는 있느니라."(눅 24:39)며 확신을 심어 주셨다. 만약 귀신들이 살과 뼈를 생산해 낸다면, 예수님의 그러한 말씀은 틀린 것이 되고 만다. 또한 귀신들이 육체의 모습을 가진다고 했을 때 논리적으로 더 확대 해석을 하면 제자들이 예수님의 실체를 본 것이 아니고 부활의 주님으로 가장한 천사나 귀신을 본 것일 수도 있다는 말이 된다.

더욱이, 천사나 귀신들은 성적인 존재도 아니고 물리적인 존재도 아니기에 성관계를 맺거나 육신의 후손을 생산해 낼 수도 없다. 그들이 DNA와 정자를 가진 육체를 재생산한다는 말은 그들이 창조적 능력을 가졌다는 것과 같다. 그러나 창조적 능력은 오직 신적인 특권에 속한다. 또한 만약 고대의 천사나 귀신들이 여자들과 성관계를 맺을 수 있었다면 현대에도 그렇게 하지 못할 이유가 없다. 그렇게 되면 일상에서 마주치는 사람들이 모두 온전한 인간이라고 장담할 수도 없게 된다. 성경은 타락한 천사가 구원받지 못한 인간을 소유할 수는 있지만, 귀신들린 사람이 반은 사람이고 반은 귀신인 후손을 생산해 낼 수 있다고 말하지 않는다. 사실 창세기 1장에서 하나님의 생명을 가진 창조물들은 "그 종류대로" 재생산해 낼 수 있도록 지음받았다(창 1:21, 24, 25).

마지막으로, 이러한 돌연변이 이론은 가상의 반신반인(demon-human)의 영적 책임과 인류 구속의 관계에 심각한 질문을 초래한다. 천사들은 개별적으로 하나님께 불순종했고, 개별적으로 심판을 받았다. 그리고 그들을 다시 구원할 계획은 성경에서 제공되지 않았다. 반면에 인간은 아담 안에서 함께 집단적으로 타락하여 아담과 함께 심판을 받았다. 그리고 예수 그리스도를 통해 모든 사람을 다 포함하는 것은 아니지만, 집단적으로 구속함을 받게 되었다. 반신반인이 어느 카테고리 안에 들어야 할지 성경적인 대안은 존재하지 않는다. 그들은 타락한 천사들과 함께 심판을 받는가, 아니면 인간들과 함께 심판을 받는가? 심지어 이런 질문도 초래한다. 그리스도께서 그들을 위해서도 죽으셨단 말인가?

그러므로 "하나님의 아들들"은 셋의 경건한 후손들을 가리키며, "사람의 딸들"은 가인의 불경한 후손들을 상징한다고 생각하는 것이 적절한 해석이다. 경건한 이들과 불경건한 이들의 동거가 인류를 그토록 전적으로 타락하게 만든 것이다.

> 이르시되 내가 창조한 사람을 내가 지면에서 쓸어버리되 사람으로부터 가축과 기는 것과 공중의 새까지 그리하리니 이는 내가 그것들을 지었음을 한탄함이니라 하시니라.^{창 6:7}

창조와
연대에 관한
질문

The
Creation
Answer
Book

결국 지구는 젊다는 것인가?

많은 기독교인들은 우주가 상대적으로 젊다고 생각한다. 그러나 과연 그럴까? 특별 계시(성경)가 우주 연대의 문제를 구체적으로 언급하지는 않지만, 일반 계시(자연의 책*)는 신뢰할 만한 수많은 힌트를 제공해 준다.

첫째, 광속(speed of light)보다 더 빨리 달리는 것은 없으며, 지구가 은하계로부터 수십억 광년이나 떨어져 있다는 사실 때문에 우리는 논리적으로도 우주의 나이가 수천 년이 아니라 수십억 년일 것이라는 가정에 이를 수밖에 없다.

또한 별의 일생(star life)도 우주의 연대를 수십억 년으로 측정하는 것을 뒷받침하는 설득력 있는 근거가 된다. 별의 일생은 별의 질량에 달려 있다. 태양과 같은 별은 대략 90억 년 동안 타오르기에 충분한 연료를 가지고 있다. 역으로 말하면, 태양 절반 크기의 별이 지닌 연료는 거의 200억 년 가까이 지속된다. 그렇기 때문에 우주는 최소한 그 우주 안에서 가장 오래된 별의 나이만큼은 나이가 들었을 것이라고 가정하는 것이다. 생물학적 역사는 추론의 방법일 수밖에 없지만, 천문학적 역사는 직접적인 관측에 의한 결과물이다. 다른 말로 하면 별의 형성과정은 전 단계에 걸쳐 관측될 수 있다.

마지막으로, 남극대륙이나 그린란드와 같은 장소에서 발견되는 빙산의 순차적인 층(sequential layers)은 지구의 나이가 6천 년보다는 훨씬 오래되었음을 가리킨다. 수목 재배가들이 나무의 나이를 알아보기 위해 나이테를 헤아리듯이, 연구가들은 빙산의 연대를 측정하기 위해 순차적인 층을 헤아린다. 이 데이터 기록에 따르면 지구의 연대는 젊은 지구 창조론자*들에 의해 제시된 나이보다 최소한 수백 배는 더 오래되었다.

우주의 창조는 언제인가?

The Creation Answer Book

각 은하계에는 천억 개 이상의 별들이 있는데, 현재 관측 가능한 우주는 모두 천억 개의 은하계를 포함한다. 천문학자들이 광속(1초당 약 30만km)으로 계산하여 우주의 지름을 측정했더니 그 길이가 최소 150억 광년이 나왔다.(1광년은 빛이 초속 30만km로 1년 동안 나아갈 수 있는 거리인데, 9조 4670억 7782만km이다.)

더구나 은하계의 적색 편이(redshift of the galaxies)에 의해서도 잘 알려졌듯이, 우주의 나이는 수십억 년으로 추정된다. 붉은색 빛은 지구와 동떨어져서 움직임을 나타내는데, 마치 기차가 운행할 때 고동 소리가 멀리서부터 들려오는 모양과 비슷하다. 광속으로 달리면서 갈라져 은하계를 수놓는 적색 편이는, 우주가 팽창한 시점인 수십억 년 전의 상태를 추정할 수 있게 한다.

마지막으로, 자연 방사선(background radiation), 방사선 붕괴(radioactive decay), 엔트로피(entropy)*, 별의 나이 그리고 백색 왜성

(white dwarf stars: 밀도가 높고 흰빛을 내는 작은 별)들은 우주의 나이가 수십억 년일 것이라는 과학자들의 주장을 심각하게 고려할 만한 증거자료가 된다.(예를 들어 본질적으로 죽은 별은 오직 수십억 년의 핵융합과 차후 냉각 상태를 거쳐야만 백색 왜성이 된다.) 이러한 다양한 독립적인 경험주의적* 증거 자료들이 우주의 기원으로 추정된 연대 범위에 모두 특정적으로 제한된다. 곧, 100억에서 200억 년 전 사이의 어느 시점이다.

그러나 중요한 점은, 심지어 100억에서 200억 년이라는 긴 시간도, 살아 있는 세포 조직에 훨씬 못 미치는 단백질 분자의 진화에도 충분한 시간이 될 수 없다는 사실이다.

창세기의 창조의 날은 문자적인가, 긴 날을 뜻하는가,
아니면 문학적인 표현인가?

The Creation Answer Book

기독교 복음주의권 안에는 창세기의 창조의 날에 관한 세 가지 주요 학파가 존재한다.

첫째, 가장 지배적인 24시간 창조론의 관점에서는 하나님께서 천지만물을 6일이라는 연속적이고 문자적인 날 동안에 창조하셨다고 믿는다. 이 학파의 대다수는 지구 나이를 대략 6천 년 정도로 추정하고 동물들의 죽음을 포함한 모든 죽음이 아담의 타락에 의한 직접적인 영향 때문인 것으로 본다.

한편 날 시대(day-age) 이론을 주장하는 관점에서는 하나님께서 천지만물을 연속적인 6일 동안 창조하셨지만, 그 한 날은 문자적인 24시간의 하루가 아닌 수십억 년의 긴 세월이라고 본다. 24시간 창조론의 관점과 반대로, 날 시대 이론은 인간과 동물들이 겪는 고통과 죽음을, 아담의 타락 결과로 얻은 사망의 형벌이 아닌 하나님의 "보시기에 좋았더라."고 하신 창조의 한 부속물로 생각한다.

마지막으로, 골격(framework) 해석의 관점은 창조기사의 7일은 문자적인 의미도 아니며 연속적이지도 않지만, 역사적인 사실이라고 믿는다. 날 시대 이론과 마찬가지로 골격 해석의 관점에서도 타락 전 동물의 죽음이 하나님의 선하신 창조의 뜻과 일치하는 것으로 생각한다. 그리고 연대에 관한 문제는 특별 계시(성경)보다도 자연 계시(자연의 책*)에 의해 결론지어지는 것으로 여긴다.

개인적인 견해로는 문학적 틀(literary-framework)에 의한 해석의 관점이 실체와 가장 근접하다고 생각한다. 비록 타락 전, 동물의 죽음이 "하나님이 보시기에 좋았더라."고 하신 창조와 어울린다고 여기지는 않지만 말이다.(145쪽의 "육식 동물과 자연 참사가 타락 이전에 존재할 수 있는가?"를 참고하라.)

> 이는 엿새 동안에 나 여호와가 하늘과 땅과 바다와 그 가운데 모든 것을 만들고 일곱째 날에 쉬었음이라. 그러므로 나 여호와가 안식일을 복되게 하여 그 날을 거룩하게 하였느니라. 출 20:11

하나님께서는 자신의 작품이
외관상 나이가 들도록 창조하셨는가?

The Creation Answer Book

하나님께서 우주만물을 창조하실 때 외관상 나이가 들도록 창조하셨는가에 관한 논쟁이 끊이지 않고 있다. 이러한 주장이 성경과 과학의 현실에 부합하는가?

우리는 성경이 나이 드는 것에 대한 문제에 답하지 않는다는 사실부터 먼저 인식해야 한다. 어떤 창조론자들은 하나님께서 아담 역시 외관상 나이와 함께 창조하셨다고 주장한다. 그러나 현실적으로 이를 알 수는 없다. 아담이 창조되었을 때 그의 발바닥에는 굳은살이 있었을까? 배꼽은 있었을까? 그의 머릿속에는 어린 시절의 기억이 한가득 조작되어 있었을까? 그렇지 않다고 생각하는 사람도 있겠지만, 성경은 이러한 문제를 아예 다루지 않는다.

더구나, 하나님께서 그분의 창조 작품들을 외관상 나이와 함께 만드셨다는 주장은 입증조차 불가능하다. 다시 말하면, 증명할 수도 없고 반증할 수도 없다. 예를 들면 만약 당신이 사실은 5분 전에 만들어졌고, 모든 떠오르는 과거의 기억은 단지 조작되어 입력된 메모리에 불과하다면 그것이 틀렸다고 증명할 수 있겠는가?

마지막으로, 슈퍼노바(Supernova: 초신성) 1987A처럼 관측 가능한 천문학적 사건을 생각해 보자. 그 사건에서 우리는 "이전"(before)과 "이후"(after)를 구분할 수 있다. 1987년 이전까지 이 초신성은 16만 8천 광년 떨어진 은하계의 한 별이었다. 그런데 1987년 2월 23일 그 별이 갑자기 폭발했고 초신성으로 변했다. 더 정확히 말하자면, 16만 8천 년 전에 그 별은 폭발했지만 그 사건의 빛이 마침내 지구에까지 닿은 것은 1987년이었다. 물론 하나님께서 우주를 6천 년 전에 창조하신 것이 아니라고 한다면 말이다. 만일 그렇다고 한다면 그 초신성은 실제 일어나지 않는 사건을 마치 다큐멘터리 필름처럼 지니고 있는 것이다.

정리하면, 우주가 실제로는 나이든 것이 아니지만 단지 나이가 들어보일 뿐이라는 주장은 문제를 해결하지 못하고 오히려 난제만 더 불러일으킨다. 좋은 선생님이라면 의도적인 거짓으로 가득 차고 왜곡된 사실로 채워진 교과서를 학생들에게 그저 믿고 읽으라고 강요하겠는가? (저자는 하나님을 좋은 선생님, 우주를 교과서로 비유하여 말하고 있다.)

4장

창조와
연대에 관한
질문

심화학습

The
Creation
Answer
Book

24시간 관점에 대한 해석적 난제는 무엇인가?

24시간 창조론을 지지하기에는 불가능할 것으로 보이는 성경 외적 난제가 있듯이(예: 광속, 별의 나이 등), 성경 내적으로도 해석적 난제가 있다.

첫째, 젊은 지구 창조론자*들은 하나님께서 창조 넷째 날에 해와 달과 별들을 창조하시기 전까지는 낮을 주관하기 위해 태양빛이 아닌 다른 빛을 사용하셨다고 주장한다. 그러나 성경 본문은 있는 그대로를 문자적으로 말한다. "저녁이 되고 아침이 되니."라는 성경의 표현은 창조의 첫 3일 또한 정상적인 태양일(solar day)로서 일광(daylight)과 어둠(darkness)을 모두 포함하고 있음을 암시한다(창 1:5, 8, 13).

더욱이 날 또는 하루(day)를 의미하는 히브리어 '욤'(yom)이라는 단어가 항상 숫자와 함께 사용되는데, 그 단어가 언제나 문자적인 24시간의 태양일을 지칭한다는 그들의 주장은 현실성이 없다. 단적인 예로, 호세아 6장 2절에서는 그 단어가 이러한 주장과는 완전히 상반되어 사용되고 있다. 또 다른 본문, 스가랴 14장 7절에서도 '욤'은, 하루라는 태양일보다 훨씬 더 긴 기간을 나타내는 숫자 뒤에 사용되고 있다.

마지막으로, 끝이 없어 보이는 제 칠 일의 특성이 24시간 창조론의 주된 해석학적 어려움이라 할 수 있다. 논리적으로나 문자적으로 제 칠 일이 영원하면서도 동시에 일시적일 수는 없기 때문이다.

요약하면, 창세기의 창조 날들은 문자적인 태양일로 기록되었는데 이는 창조의 연대를 확립하기 위함이 아니라 창조에 의도된 하나님의 목적을 나타내기 위함이라고 할 수 있다.

창세기의 족보에 격차가 존재하는가?

제임스 어서(James Ussher) 대주교의 유명한 연대 계산법에 따르면, 모세가 제공한 창세기 5장과 11장 같은 구약의 족보에 근거하면 아담의 창조 시기는 BC 4004년으로 추정할 수 있다. 그러므로 우리는 우주의 나이가 6000년이라고 확신할 수 있다. 정말 그런가?

첫째, 성경의 한 본문과 성경의 또 다른 본문을 비교해 보면, 창세기 11장의 족보에는 생략된 내용이 있음을 알 수 있다. 누가복음 3장의 족보에서 가이난은 살라와 아박삿 사이에 위치하고 있다. 그러나 창세기 11장의 족보에는 가이난이 빠져 있다. 어떤 이들은 이것을 성경 사본가들의 실수로 치부하기도 하지만, 족보가 포함된 현존하는 모든 성경 사본에서는(두 개의 고대 자료만 제외하고) 그 이름이 언급되고 있다. 그렇게 본문이 고집하고 있기 때문에 가이난이란 이름은 족보에 적합한 삽입으로 인정된다.

더욱이 성경의 다른 족보들과 더불어 창세기의 족보는 대칭적이고 의도적으로 배열되어 있다. 예를 들어 마태복음은 예수님의 족보를 기술적으로 조직하여 다윗 왕의 히브리어 이름의 문자와 동일하게(4+6+4=D+V+D) 14대를 세 그룹으로 나누어 기록하고 있다. 그러므로 마태복음의 족보는 예수님의 혈통에서 가장 중요한 이름들을 드러 냄과 동시에, 다윗의 왕좌에 영원히 앉으실 메시아로서의 우리 주님의 정체성을 예술적으로 강조한다. 마태처럼 모세 또한 예수님께서 이후에 태어나실 아브라함 왕가의 족보를 두 개의 대칭적인 그룹으로 엮어 내고 있다. 노아 홍수 이전의 10대(창 5장)와 노아 홍수 이후의 10대(창 11장)가 바로 그렇다. 그러므로 성경의 족보를 순차적으로 보기보다는 대칭적인 것으로 보는 것이 타당하다는 충분한 판결이 생긴다.

마지막으로, 마태복음 1장 8절에서 유다왕 요람(역대하에서는 여호람으로 언급됨)을 웃시야의 아버지로 언급할 때, 실제로는 삼 대가 지나쳤다(아하시야, 요아스, 아마샤). 웃시야의 실제 부친보다 훨씬 이전 사람인 요람(여호람)은 어쨌든 웃시야로 이어지는 가문의 아비였던 것이다. 이러한 유의 망원경으로 바라보는 시각은 성경신학에서 매우 중요한 사례가 된다. 예를 들어 다니엘에서는 벨사살이 느부갓네살 왕의 아들로 불리고 있다(단 5:2). 그러나 실제로 그는 느부갓네살의 사위인, 나보니도스의 아들이다.

그러므로 성경학자들이 족보에 집착하는 데는 그만한 충분한 이유가 있다. 비록 그 족보들이 첫째 아담과 둘째 아담(예수 그리스도; 역주) 사이의 정확한 연대는 제공하고 있지 않지만, 신학적인 중요성을 가득 담고 있는 것은 부인할 수 없기 때문이다.

점진적 창조론은 어떠한가?

점진적 창조론자*들은 그들과 대응하는 젊은 지구 창조론자들처럼 과학과 성경 모두에서 중대한 도전에 직면한다.

과학과 성경의 최대한의 조화를 찾고자 하는 과제가 오히려 양쪽 모두의 무리한 해석을 불러왔다. 해와 별들이 창조 첫날 전에 이미 창조되었지만, 창조 넷째 날까지는 지구 표면으로부터 불가시적이었다고 하는 논고를 통해 성경은 과학과 조화를 이루었다. 또 한편으로는 직접적인 햇빛을 받을 수 없었던 지질학적 시기에도 식물이 번성했다고 허용하는 억지스러운 설명을 통해 과학도 성경과 조화를 이루고자 했다.

더욱이 성경과 현대 과학을 서로 조화시키고자 점진적 창조론자들은 자연 악(natural evil)의 도덕적 중요성과 타협했다. 그렇게 그들은 모든 도덕적 의미를 지닌 악을 인간이 처음 범한 죄 이후에 발생한 것으로만 치부했다. 점진적 창조론자들은 동물들도

"마음, 의지 그리고 감정의 속성"들을 나타낼 수 있으며, 동족 간에 그리고 인간과의 관계를 형성할 수 있는 능력 또한 특별한 방식으로 부여되었음을 인정한다. 한편 고통과 죽음 그리고 멸종 위험 역시 하나님이 "보시기에 좋았던" 창조의 일부에 포함된 것이라고 믿는다.

마지막으로, 점진적 창조론자들은 에덴동산도 기생충, 동물의 죽음, 감염, 자연 재해 등의 참사에 저항력이 없다고 본다. 하와 자신도 고통으로 유린당해야 했는데, 이는 원래 없었던 고통이 아니라 단지 그녀의 죄로 인해 '더 강도가 높아진' 고통이었다. 좀 더 과감하게 표현하자면, 완벽한 지상 낙원은 아직까지 단 한 번도 존재하지 않았다는 것이다. 더 심각한 것은, 하와가 고통을 겪은 곳이기는 하지만 동시에 "보시기에 좋은" 그 세상을 위해 질병, 부패, 파괴 그리고 심지어 ('무작위적이고 낭비적인 비효율적 행위'로 치부되는) 죽음까지 사용되고, 그 일에는 하나님 자신이 연루된다는 점이다. 윌리엄 뎀스키 박사(Dr. William Dembski)가 이에 대해 다음과 같은 적절한 언급을 했다. "오랜 지구 창조론자들의 문헌에서 볼 수 있는 이 주장의 난제는, 자연 악이 인간의 죄에 대한 결과이기보다는 단순히 하나님의 결말을 불러오는 도구밖에 되지 않는다는 것이다. 그러므로 오랜 지구 창조론은 하나님께서 단지 신적인 의도를 추구하기 위해 고통을 주입했다고 그분을 비난할 수 있는 여지를 열어 놓았다."

그러나 실제로는 그러한 비난에 대해 구차한 답변을 특별히 내놓을 필요도 없다고 본다. 자연의 책*을 바르게만 읽으면, 아담 전에 이미 자연 악이 있음을 발견할 수 있기 때문이다. 마찬가지로 성경을 바르게 읽을 수만 있다면 시간을 뛰어넘어 인류를 구속하는 무한하신 하나님을 만날 수 있다. 십자가의 능력이 시간을 초월하여 과거로까지 거슬러 올라가듯이 타락의 영향도 마찬가지로 과거로 소급하는 경향이 있을 수 있다.

죽임을 당한 어린 양의 생명책에 창세 이후로 이름이 기록되지 못하고 이 땅에 사는 자들은 다 그 짐승에게 경배하리라. 계 13:8

성경 본문에서 현대 과학의 패러다임을 찾는 시도는 어떠한가?

성경 본문에서 현대 과학의 패러다임을 찾으려는 시도는 기독교에 치명적인 상처를 입혔다. 그로 인해 성경 해석학의 기술과 과학적 분석에 대한 심각한 오해가 자주 발생하고 있다.

한때 교회는 "세계도 견고히 서서 흔들리지 아니하는도다."라고 표현한 시편 93편 1절에 근거하여 지구가 정지된 상태에 있다고 가르쳤다. 분명 그것은 본문이 말하고자 하는 의도가 아니다. 문맥을 잘 살펴보면 그 의미를 알 수 있다. "여호와께서 능력의 옷을 입으시며 띠를 띠셨으므로." 이는 (하나님의 의복에 대한 것은 분명 아니고) 그분의 나라는 지구, 즉 이 땅의 거짓 세력에 의해 흔들릴 수 없다는 뜻이다.

더욱이 과학과 성경의 합의를 찾고자 하는 시도 때문에 이사야서 또한 마찬가지로 본문의 참된 의미와 깊은 뜻에 손상을 입었다. 이사야 40장 22절의 말씀을 가지고도 젊은 지구 창조론자들은 그 구절("땅 위 궁창")이 지구의 둥근 구형을 가리킨다고 주장하며, 같은 구절("하늘을 차일 같이 펴셨으며")에서 점진론적 창조론자들은 빅뱅 우주이론의 지지를 표명한다. 그리고 창조론에 반대하는 자들은 그 구절("천막 같이 치셨고")이 평평한 지구의 신화를 보여 주는 것이라고 주장한다. 이런 식으로라면, 유신론적 진화론자들은 그 나머지 구절("사람들은 메뚜기 같으니라")을 통해 심지어 인간이 곤충에서부터 진화된 것이라 주장할지도 모른다.

마지막으로, 천문학 책을 한 손에 펼쳐놓은 점진적 창조론자 운동의 선구자들은 성경에서 가장 오래된 책으로 여겨지는 욥기가 빅뱅 이론에 충격적인 근거를 제시하고 있다고 생각한다. "그가 홀로 하늘을 펴시며 바다 물결을 밟으시며"(욥 9:8). 비슷한 방법으로 비평가들은 아직 덜 진화된 욥이 지구가 마치 기둥들 위에 떠받혀 있는 것으로 생각했다고 말한다. "그가 땅을 그 자리에서 움직이시니 그 기둥들이 흔들리도다"(욥 9:6).

지구는 분명 구형이고 빅뱅 우주이론도 창세기의 첫 시작과 합의를 이루는 것이 사실이지만, 이사야의 "땅 위 궁창"이라든가, 욥이 말했던 "하늘을 펴신다"는 표현들이 결코 창세기의 창조기사와 현대 우주과학 이론을 조화롭게 만드는 근거로 사용될 수는 없다.

방사성 연대측정은 신뢰할 만한가?

젊은 지구 창조론자*들의 주된 견지는 핵 감쇠(nuclear decay) 비율이 현재보다는 과거에 더 컸기 때문에 방사성 연대측정*(방사성 붕괴측정)을 신뢰하기 어렵다는 것이다.

이러한 주장은 문제를 해결하기보다 오히려 문제를 더 복잡하게 한다. 간단히 말해 우주의 나이를 6천 년으로 가늠하기 위해 필요한 핵 방사성 비율은 지구와 동물 그리고 인간의 생명에게도 치명적이다.

더욱이 물리학자들도 단순히 붕괴 비율이 일정할 것으로 생각하지는 않는다. 그들은 방사성 원자를 극한의 온도와 압력 그리고 다양한 전자기장의 변형에 노출시켜 방사성 연대측정이 틀렸음을 입증했다. 그러나 연대측정을 위해 어떠한 지질학적 특성에서도 붕괴 비율이 변하지 않는 방사성 동위 원소가 발견되었다.

마지막으로, 방사성 연대측정 과정을 통해 결정된 지구의 나이는 별의 나이처럼 천문학적 측정법에 투영된 나이 한도와 일치한다. 이는 젊은 지구 창조론자들이 주장하는 것보다 수백 배는 지구의 나이가 더 많다는 것을 입증한다.

그렇다면 한 가지는 확실하다. 지구의 나이에 관해 현대 과학이 적용하고 있는 시간 개념은 아무리 긴 것처럼 보인다고 할지라도 가장 단순한 단백질 분자 하나조차 진화하기에 충분히 오랜 시간이 아니라는 점이다. 결론적으로 현 시대의 과학 기술에 따른다면, 진화론적 가설은 전반적으로 약화될 수밖에 없다.

> 그가 서신즉 땅이 진동하며 그가 보신즉 여러 나라가 전율하며 영원한 산이 무너지며 무궁한 작은 산이 엎드러지나니 그의 행하심이 예로부터 그러하시도다. 합 3:6

창조와
죄의 문제

The
Creation
Answer
Book

동물들이 겪는 고통도 아담의 범죄 때문인가?

다윈은 다음과 같이 말했다. "정말로 전능하고 자비로운 신이 존재한다면 그가 살아 있는 애벌레의 몸을 산 채로 잡아먹도록 기생말벌을 창조하였을리 만무하다. 나는 도저히 믿을 수가 없다." 다윈이 고민했던 그 난제로 인해 결국 그는 창조주 하나님이라고 하는 개념 자체를 저버렸다. 그러나 실제로는 창조주가 아니라 아담에게 세상의 도덕과 자연 악의 기원에 대한 책임을 물어야 한다.

성경은 분명히 말한다. "그러므로 한 사람으로 말미암아 죄가 세상에 들어오고 죄로 말미암아 사망이 들어왔나니…"(롬 5:12). 그 결과 모든 창조계가 "허무한 데 굴복"하고 "썩어짐에 종 노릇" 하게 된 것이다.(롬 8:19-23; 창 1:29-30; 9:1-4; 시 104:19-28 참조.)

더욱이 아담의 대표책임론*(롬 5:12-21; 고전 15:20-26)은 인류를 넘어서 하나님이 창조하신 전(全) 피조 세계까지 확장되어 영향을 미친다. 아담의 불순종으로 인한 직접적인 결과로 심지어는 땅도 저주를 받았다. 그뿐만이 아니다. 현재 겪고 있는 저주와 구원에 대한 약속은 땅에만 속한 것이 아니라 그 위를 기어다니는 모든 동물에게까지 확장된다(사 11:6-9; 계 21-22장).

마지막으로, 다윈은 기생말벌 따위 같은 자연의 끔찍함을 상고함으로 하나님을 저버리는 어리석음을 범하는 것이 아니라 인간과 동물이 겪는 모든 고통을 보면서 하나님과 분리됨으로 초래될 수밖에 없는 안타까운 결과에 대해 깨달았어야 했다. 실로 아담은 에덴동산의 안전 지대 밖으로 쫓겨나 자연 악에 노출되면서 하나님의 은혜로부터 멀어져 느끼는 고통의 무게를 비로소 이해했을 것이다. 다른 말로 하면, 에덴동산 밖에서의 혼돈은 죄로 병든 아담의 영혼이 겪는 끔찍함을 반영해 준다.

불행하게도 다윈은 시간 개념을 일직선상에 놓인 것으로만 이해했다. 그러나 만약 하나님이 시간에 속박되지 않으신다는 사실을 진작 깨달았다면, 그의 진화론은 뿌리를 내리지 않았을 것이다. 정말로 하나님은 타락의 결과가 그것을 빚어 낸 원인에 시간적으로 앞서도록 만드실 수 있다. 지적 설계론*을 믿는 유신론자인 윌리엄 뎀스키 박사(Dr. William Dembski)의 말에 귀를 기울일 필요가 있다. "그리스도의 죽음과 부활이 회개하는 사람들에게 모든 시간을 초월하여 구원의 효력을 발휘하는 것처럼, 에덴동산에서의 인류의 타락 또한 마찬가지로 모든 시간을 초월한 자연 악에 책임이 있다.(그것이 과거, 현재, 미래 또는 심지어 타락 이전의 먼 과거에 발생한 것이라 하더라도 말이다.)"

피조물이 고대하는 바는 하나님의 아들들이 나타나는 것이니 피조물이 허무한 데 굴복하는 것은 자기 뜻이 아니요 오직 굴복하게 하시는 이로 말미암음이라. 그 바라는 것은 피조물도 썩어짐의 종 노릇 한 데서 해방되어 하나님의 자녀들의 영광의 자유에 이르는 것이니라. 피조물이 다 이제까지 함께 탄식하며 함께 고통을 겪고 있는 것을 우리가 아느니라. 그뿐 아니라 또한 우리 곧 성령의 처음 익은 열매를 받은 우리까지도 속으로 탄식하여 양자 될 것 곧 우리 몸의 속량을 기다리느니라. 롬 8:19-23

육식 동물들과 자연 참사가 타락 이전에
존재할 수 있는가?

젊은 지구 창조론자들*과 그에 반(反)하는 오랜 지구 창조론자들 간의 논쟁에서 가장 날카로운 핵심은 아담 이전의 죽음이라고 할 수 있다. 젊은 지구 창조론자들은 동물의 죽음을 포함한 모든 죽음이 타락의 영향으로 만들어진 것이라고 믿는다. 반면 오랜 지구 창조론자*들은 육식 동물들과 자연 참사가 아담의 죄 이전에 이미 하나님이 "보시기에 좋았던" 창조 세계의 한 부분으로 존재했다고 여긴다. 그러나 양측의 이러한 대립은 불필요한 것이다.

이 논쟁에 깔려 있는 잘못된 개념은 아담의 죄가 모든 악의 발달보다 필연적으로 선행되어야 한다는 가정이다.(여기서 예외적으로 사단의 불순종은 제외된다.) 그렇기 때문에 젊은 지구 창조론자들은 스스로 천문학적이고 지질학적인 연대 기준을 거부한다. 그러나 오랜 지구 창조론자들은 자연 악을 인류 타락의 직접적인 결과로 이야기하는 성경 본문을 재해석하고자 한다(창 3:14-19; 롬 5:12-21; 8:18-25; 고전 15:20-23). 하지만 현실적으로 정통적인 입장에서는 일반 계시와 특별 계시의 진리에 모두 충실해야 한다.

더욱이 만물의 창조주에 대한 전통적인 이해는 그는 모든 창조물에 대해 시간을 초월하여 일하신다는 점이다. 그러므로 그리스도의 십자가는 시간을 거슬러서 아담의 죄를 속량한다. 마치 아직 태어나지도 않은 아담 후손들의 죄를 사전에 미리 속량하듯 말이다. 마찬가지로 이와 비슷하게 비록 타락이 선행된 악의 필연적인 원인이라 할지라도, 자연 악이 타락을 선행하도록 예정하시는 초월적인 하나님의 능력을 상상한다면 그리 어려운 일도 아니다.

마지막으로, 시간의 화살이 미래로 향하여 나아가는 관점으로 보는 것이 인간에게 자연스러운 일이지만 하나님의 무오한 진리는 연대기적 형태로만 주어지지 않는다는 사실도 잘 알고 있다. 그래서 첫째 아담이 등장하고 수천 년 동안의 죄가 마지막 아담의 출현으로 대속될 뿐 아니라, 그 마지막 아담(예수)은 성경에서도, "창세 이후 죽임을 당한 어린 양"으로 묘사되고 있다(계 13:8).

정리하면, 하나님의 말씀은 연대기적뿐 아니라 카이로스적*으로도 함께 나타난다. 다른 말로 하면 일어난 사건의 순서대로 주어지는 것들이 있는가 하면 목적과 중요도에 따라 기록된 것이 있다. 전능하신 이가 말한다. "그들이 부르기 전에 내가 응답하겠고 그들이 말을 마치기 전에 내가 들을 것이며"(사 65:24).

> 너희는 옛적 일을 기억하라. 나는 하나님이라. 나 외에 다른 이가 없느니라. 나는 하나님이라. 나 같은 이가 없느니라. 내가 시초부터 종말을 알리며 아직 이루지 아니한 일을 옛적부터 보이고 이르기를 나의 뜻이 설 것이니 내가 나의 모든 기뻐하는 것을 이루리라 하였노라. 사 46:9-10

선하신 하나님이 어떻게 이토록
절망적인 세상을 창조하실 수 있는가?

이 세상에 존재하는 많은 종교 때문에 언뜻 보면 이 질문에도 많은 답이 있는 것처럼 보인다. 그러나 현실적으로는 오직 세 개의 답만 있을 뿐이다. 범신론(pantheism)에서는 신이 모든 것이고 모든 것이 곧 신이기 때문에, 선과 악의 존재 자체를 부정한다. 철학적 자연주의*(진화론의 든든한 지지기반이 되는 세계관)는 두뇌의 화학적 분비물과 유전자 등 모든 것이 자연적 과정의 기능일 뿐이라고 한다. 그렇기 때문에 애당초 선과 악이라는 것은 있을 수 없다. 유신론(theism)만이 유일하게 관련된 답변을 제기한다. 그리고 그중에서도 오직 기독교 유신론만이 가장 만족할 만한 관점을 제시해 준다.

첫째, 기독교 유신론은 하나님께서 악의 잠재성까지도 창조하셨음을 인정한다. 그 근거는 하나님께서 인간을 선택의 자유와 함께 창조하셨기 때문이다. 우리는 사랑하거나 미워할 수 있고,

선을 행하거나 악을 행할 수도 있다. 지난 날 역사의 기록은 우리 인간들이 자신들의 자유의지로 악을 현실로 구체화했음을 너무도 생생하고 소름 돋게 잘 보여 준다.

더욱이 선택이 없다면 사랑도 특별한 의미가 없게 된다. 하나님은 인간을 사랑하도록 스스로 강요하지 않으실 뿐더러 사람들이 하나님을 사랑하도록 억지로 몰아붙이지도 않는다. 사랑의 최고 모본이신 하나님은 우리에게 선택의 자유를 주셨다. 만약 그러한 자유가 없다면, 이미 프로그램화되어 있는 로봇과 크게 다를 바 없다.

마지막으로, 하나님이 우리에게 선택의 자유를 허락하심으로써 악의 잠재성을 창조하셨다는 사실은 궁극적으로 가장 지고한 최고선의 세계로 우리를 인도해 준다. 즉, "다시는 사망이 없고 애통하는 것이나 곡하는 것이나 아픈 것이 다시 있지 아니하는" 세상으로 말이다(계 21:4). 그리스도를 선택한 자는 누구든지 그분의 선과 의로움에 힘입어 악에서부터 구원을 얻고 영원히 죄를 지을 수 없게 된다.

> 우리가 알거니와 하나님을 사랑하는 자 곧 그의 뜻대로 부르심을 입은 자들에게는 모든 것이 합력하여 선을 이루느니라. 롬 8:28

창조와
죄의 문제

심화학습

The
Creation
Answer
Book

점진적 창조론자들은 어떻게 아담 이전의
자연 재해 문제를 다루는가?

점진적 창조론자*들은 동물의 고통과 죽음이 아담과 하와의 창조보다 수백만 년 전부터 있어 왔다고 생각한다. 그러므로 이런 질문을 하게 된다. 도덕 악(moral evil)처럼 자연 악(natural evil) 또한 인류 타락의 결과가 아니었던가?

오랜 지구 점진적 창조론자들은 자연 재해와 육식 동물들을 하나님이 보시기에 "매우 좋았던" 창조의 한 부분으로 본다. 그렇기 때문에 그들은 동물의 고통과 죽음을 악한 것이라기보다는 오히려 선한 것으로 생각한다.

더구나 점진적 창조론자들은 '선'(good)과 '완벽'(perfect)이란 단어에 명확한 구분을 짓는다. 그러므로 하나님께서 창조하신 천지 만물의 모든 것은 '매우 좋았지만' 결코 완벽하지는 않았다는 것이다.

마지막으로, 점진적 창조론자들은 인정사정 봐주지 않는 무시무시한 자연 법칙이 아담의 타락으로 인한 결과라는 성경적 근거를 부인한다. 그래서 그들은 로마서 5장 12절과 고린도전서 15장 21-22절과 같은 성경 구절들을 오직 인간의 고통과 죽음으로 볼 뿐 자연에 나타난 죽음과 고통으로 보지는 않는다.

그러므로 한 사람으로 말미암아 죄가 세상에 들어오고 죄로 말미암아 사망이 들어왔나니 이와 같이 모든 사람이 죄를 지었으므로 사망이 모든 사람에게 이르렀느니라. 롬 5:12

6장

창조와
공룡

The
Creation
Answer
Book

인류와 공룡이 공존했던 증거가 있는가?

텍사스 주 글렌 로스(Glen Rose, Texas)의 팔룩시 강바닥(Paluxy Riverbed)에 인간의 발자국이 공룡의 흔적과 함께 발견되었다고 주장하는 내용을 인터넷에서 봤을지도 모르겠다. 그 돌에 새겨진 발자국들은 지구의 나이가 6천 년이며 공룡 또한 인간과 함께 동시대에 존재했다는 증거 자료가 된다고 주장한다. 그러나 철저한 조사 끝에 많은 사람들은 그러한 생각에 동의하지 않게 되었다.

첫째, 세 발가락을 지닌 육식 공룡의 발자국이 바위에 남아 있었지만, 같은 시대 동일 장소에서의 인간 발자국이라고 할 만한 것은 입증되지 않았다. 사실, 그 흔적은 사람의 것이라고 하기에는 너무 크고 그 기원에 의문이 제기된다.

더욱이, 이전에 인간의 발자국이라고 여겨졌던 흔적은 세 발가락 공룡의 것과 일치하는 발톱 모양의 흔적을 보이고 있다. 다섯 발가락 인간의 것과는 사뭇 다른 모습이다.

마지막으로, 인간의 것이라 주장하는 대부분의 발자국은 부식 작용에 의한 흔적과 크게 다르지 않다. 상상으로 소원하던 것을 결국 실제 현실처럼 만든 것에 불과하다.

팔룩시 강바닥의 흔적에 의문을 품던 창조론자들은 그 끝이 어디이든지 진리만을 좇아갔다는 점에서 가히 칭찬받을 만하다. 창조과학연구소(Institute for Creation Research)의 *Acts and Facts*(행동과 사실)에서 이를 잘 언급하고 있다. "과학자들은 새로운 데이터가 가용되는 한, 언제나 이전 해석을 재평가하는 데 주저하지 말아야 한다. 진화론자들이 주요 사안에 대해 편협한 생각을 가지고 있다는 창조론자들의 고소는 타당할 수 있다. 우리는 이 사안에 대해 절대 그들처럼 행동해서는 안 된다. 예수 그리스도는 자신이 진리라고 선포했고, 그분을 주님으로 따르는 이상 반드시 진리를 사랑하는 자들이 되어야 한다."

최근 발견된 티렉스 사우루스의 뼈가
젊은 지구를 의미하는가?

과학자들이 신선한 혈구와 헤모글로빈으로 가득 찬 '화석화되지 않은' 티렉스 사우루스(T. Rex)의 뼈를 발견한 증거가 인터넷 지면을 가득 채우고 있다. 그렇다고 우리는 이것이 "공룡이 수백 년 전에 살았다고 주장하는 논지에 전면적으로 반박할 수 있는 확실한 증거"가 될 수 있다고 말할 수 있을까?

첫째, 그 연구를 진행했던 과학자들은 신선한 혈구나 헤모글로빈을 실제로 발견했다고 주장하고 있지는 않다. 단지 과학 월간지들이 뼈에서 발견된 단백질 성분인 콜라겐의 발견만을 보도했다. 그 콜라겐의 존재 하나만으로 지난 수천 년 전에 인류가 공룡과 함께 공존했다고 주장할 수는 없다.

더욱이 "공룡 뼈에서 발견된 피 성분"(Blood Chemicals Found in Dino Bone)과 같은 머리기사의 제목은 독자의 이목을 끌기 위한 하나의 자극적인 광고일 뿐이지, 과학적인 표현은 아니다. 그럼에도 그와 같이 미흡한 과학적 '발견'이 지구가 젊다고 주장하는 6가지 근거 중의 하나로 거론되고 있다.

마지막으로, 손상되지 않은 공룡의 혈구가 발견되지 않았다고 하는 발언은 과학자들이 현재 엄청난 은폐와 모의에 연류되고 있다는 근거 없는 혐의를 부추겼다. 그러나 이것은 이제 우리가 '공룡의 뼈가 수백만 년 된 것이 아니라는 물질적 증거'를 갖는다는 견해일 뿐이지 그 이상은 아니다.

창조론과 진화론 간의 논쟁에 있어서 그러한 허구적인 이야기는 이제 더 이상 필요하지도 않을 뿐더러 설 자리도 없다. 실제로, 지구가 수십억 년으로 측정된다고 할지라도 성경적 관점에서의 창조론에 결코 위협이 되지 않는다. 진화론자들이 지구의 나이를 얼마나 많은 연수로 상정하든지 간에, 자연 과정에 작용되는 우연은 DNA 분자도 만들어 내지 못한다. 제발 공룡 문제는 공룡 문제로만 다루자.

범사에 헤아려 좋은 것을 취하고. 살전 5:21

6장

창조와
공룡

심화학습

The
Creation
Answer
Book

베헤못과 리워야단은 공룡인가?

베헤못(욥 40장)과 리워야단(욥 41장)은 고대 사람 욥이 브라키오사우루스(brachiosaurus)와 크로노사우루스(kronosaurus)와 같은 공룡과 동시대에 살았다는 증거로 흔히 지목된다. 이는 사실인가, 허구인가?

욥기는 고대 근동 신화의 신들에 맞서는 기소장과 같은 문학적 반론*으로 사용된다는 점에 유의해야 한다. 이로 인해 이교도들이 언약 백성에 의해 문학적으로 대체되는 것뿐 아니라 신화적 내러티브 또한 성경의 지배적 스토리인 거대담론(metanarrative)*에 의해 문학적으로 대체된다. "머리 일곱 개 달린 꿈틀거리는 뱀"(우가리트 사본; ugaritic text)을 멸한 것은 바알이 아니고, "리워야단의 머리를 부수신"(시 74:14) 여호와이시다. 그러므로 문학적 전복(literary subversion)*을 통해 하나님은 이교도의 신화를 실제 현실에 맞도록 재구성하셨다.

더욱이 욥기의 문학적인 전개를 주의해야 할 필요가 있다. 서른 장 이상이나 계속되는 인간들의 두서없는 사변(思辨; speculation) 후에 하나님께서는 폭풍 속에서 욥에게 말씀하신다. 하나님께서 욥에게 묻는 것은 본질상 이렇다. 그가 스스로 하나님처럼 천지만물을 한번 운행해 볼 수 있겠냐는 것이다. "비에게 아비가 있느냐, 이슬방울은 누가 낳았느냐?", "누가 하늘의 물 주머니를 기울이겠느냐?", "말의 힘을 네가 주었느냐", "독수리가 공중에서 떠서 높은 곳에 보금자리를 만드는 것이 어찌 네 명령을 따름이냐", "베헤못을 볼지어다…그것은 하나님이 만드신 것 중에 으뜸이라.", "네가 낚시로 리워야단을 끌어낼 수 있겠느냐?" 문학적인 전개는 창조에서 피조물 그리고 피조물 중에 한때 가장 으뜸이던 베헤못과 리워야단까지 이어진다. 욥에게 있어서 육지의 원시 괴물은 바다의 원시 괴물과 마찬가지로 불굴의 힘을 가진 것들이다. 그러나 여호와께는 베헤못이나 리워야단 모두 목에 끈이 달린 귀여운 애완동물일 뿐이다. 성경의 문학적인 전개에 따르면, 이 괴물들은 진멸당한다. "그 날에 여호와께서 그의 견고하고 크고 강한 칼로 날랜 뱀 리워야단 곧 꼬불꼬불한 뱀 리워야단을 벌하시며 바다에 있는 용을 죽이시리라"(사 27:1).

마지막으로, 성경을 해석해 보면 사단의 문학적 의인화도 더 분명히 보인다. 창세기에서는 사단이 인간을 죽음에 치닫게 하는 영구적으로 죄악된 매혹적인 뱀으로 표현된다. 그리고 시편에서는 하나님의 뜻을 거스르는 머리가 여러 개 달린 괴물로 묘사된다. 한편 이사야에서는 태고의 물에서 솟아오르는 똬리를 튼 뱀 그리고 요한계시록에서는 극도의 악이 의인화된 붉은 용으로 나타난다.

요약하면, 리워야단과 베헤못은 공룡이 아니라 형이상학적인 악의 존재가 의인화되어 묘사된 것이다. 이러한 방식으로 용에 관한 고대 신화는 사단의 실체를 강조한다.

> 또 내가 보매 천사가 무저갱의 열쇠와 큰 쇠사슬을 그의 손에 가지고 하늘로부터 내려와서 용을 잡으니 곧 옛 뱀이요 마귀요 사탄이라. 잡아서 천 년 동안 결박하여. 계 20:1-2

공룡과 용을 성경에서 구분하고 있는가?

The Creation Answer Book

젊은 지구 창조론자*들은 종종 성경에 공룡을 지칭하는 것들이 많다고 주장한다. 19세기의 영국 고생물학자인 리처드 오언(Sir Richard Owen)은 1841년까지 공룡(dinosaur; terrible lizard; 무시무시한 도마뱀)이라는 단어를 발견하지 못했다. 그래서 킹제임스 버전은 공룡(dinosaur)이란 단어를 용(dragon)이라는 단어로 잘못 대체했다. 만일 1611년(킹제임스 버전이 출간된 해) 이전에 공룡이라는 단어가 있었더라면, 이사야 27장 1절 또는 시편 74장 13절과 같은 성경구절들은 용이 아니라 공룡을 가리켰을지도 모른다. 그러나 과연 그럴까?

젊은 지구 창조론자들에 의해 언급되는 본문을 살펴봐도 공룡이 인간과 동시대에 살았다고 하는 주장을 뒷받침할 핑계로 이를 잘못 사용하고 있다는 것을 충분히 알 수 있다. 이사야 27장은 감히 하나님의 뜻을 무너뜨리고자 했던 악한 나라들의 패망을 묘사한다. 그러한 의미로 하나님은 "날랜 뱀 리워야단 곧 꼬불꼬불한 뱀 리워야단을 벌하시며 바다에 있는 용을 죽이신다."고 했다 (사 27:1). 마찬가지로 시편 74편에서 하나님은 머리가 여러 개 달린 리워야단을 무찌르고 새로운 세상의 질서를 세우시기를 약속하신다. "모든 눈물을 그 눈에서 닦아 주시니 다시는 사망이 없고 애통하는 것이나 곡하는 것이나 아픈 것이 다시 있지 아니하리니 처음 것들이 다 지나갔음이러라"(계 21:4). 머리가 여럿인 악한 세력을 머리가 하나인 공룡 화석에 가져다 맞추는 것은 한참 잘못된 일이다.

더욱이 폭풍 구름을 일으키시고 혼돈의 바다에서 솟아오른 괴물을 멸하는 전능하신 하나님이란 주제는 고대 근동 내러티브와 유사한데, 이는 이교도들의 거짓 신들에 맞서 대항하는 수단으로 성경 기자에 의해 유효 적절히 도용된 것이다. 이러한 문학적 대용(literary substitution)은 영감된 성경 기자들에 의해 위대한 주권자는 사폰산(Mount Saphon; 시리아 서부 지역에 위치)의 바알 신이 아니라, 시내산(Mount Sinai)의 왕이자 똬리를 튼 뱀의 뜨거운 서식지를 정복하신 여호와라는 현실을 강조하기 위해 차용되었다.

마지막으로, 성경적인 증거는 공룡이 인간과 동시대에 동일한 장소에서 살았다고 하는 것을 의심쩍은 것으로 보여 주듯이, 성경 외적인 증거 또한 마찬가지다. 다른 여러 곳에서도 나타나듯이 텍사스 주 글렌 로스(Glen Rose, Texas)의 팔룩시 강바닥(Paluxy Riverbed)에 공룡의 흔적과 함께 발견되었다는 인간 발자국과 티렉스 사우루스의 화석화되지 않은 잔재에서 발견된 신선한 혈구는 충분히 이를 증명하지 못한다.(158쪽의 "최근 발견된 티렉스 사우루스의 뼈가 젊은 지구를 의미하는가?"를 참고하라.)

정리하면, 성경 본문의 객관적인 읽기만으로도 용과 공룡이 다르다고 하는 사실을 드러내기에 충분하다. 성경의 진리를 남용하여 왜곡하는 일은 결코 간과할 문제가 아니다.

시조새는 공룡과 새의 잃어버린 연결고리인가?

내가 한 종(species)에서 다른 종으로의 전이 화석*이라고 하는 것이 존재하지 않는다고 말할 때마다 어떤 이들은 시조새(Archae-opteryx)를 필연적으로 언급한다. 이러한 일이 너무 자주 일어나기에 나는, 그 경험을 수도사우루스(pseudosaur)라는 신종 단어를 만들어 사용하기로 결정했다. 수도(Pseudo)란 거짓이라는 뜻이고, 사우루스(saur)는 공룡이나 파충류(문자적으로는 도마뱀)를 의미한다. 그러므로 수도사우루스란 파충류(공룡)와 조류와의 거짓된 연결을 말한다. 무수히 많은 증거가 시조새는 자격이 완전한 새이지 조류와 공룡의 잃어버린 연결고리가 아니라고 말한다.

첫째, 시조새의 화석과 그것으로부터 유래했다고 추정되는 시조새 공룡류의 화석 모두 쥐라기 말기(Late Jurassic)로 측정되는 매끄러운 독일 석회암 구조에서 발견되었다.(쥐라기 시대는 대략 2억 년 전에 시작된 것으로 알려져 있는데, 5천만 년 전까지 지속되었다고 한다.) 그러므로 시조새는 새들 그리고 그들의 조상격인 공룡들과 모두 같은 시기에 번성했기 때문에 잃어버린 연결고리의 후보자로서의 확률이 매우 낮다.

더욱이 첫 발견된 시조새 화석은 앙상한 흉골의 증거가 없었기에 고생물학자들은 시조새가 날 수 없거나 비행에 매우 취약했던 것으로 결론지었다. 그러나 1993년 4월, 앙상한 흉골을 가진 일곱 번째 표본이 보고되었다. 그래서 시조새도 현대의 새처럼 힘차게 날기에 적합하다는 데 더 이상 의심하는 사람이 없었다.

마지막으로, 시조새가 파충류와 조류 사이의 잃어버린 연결고리라고 말하는 것은 비늘이 날기 위한 깃털로 진화되었다고 믿는 것이다. 유전자 돌연변이에 공기 마찰이 가해지면, 파충류의 겉모서리 비늘이 닳아 버릴 것이라 추정하는 것이다. 그래서 수백만 년의 세월이 흐르는 동안, 비늘은 점차 깃털처럼 변화되고, 마침내는 완벽한 깃털로 뒤덮히게 된다는 주장이다. 그러나 이러한 생각은 가장 열정적인 진화론자들조차도 매우 믿기 어려워하는 이야기다.

이러한 것들을 포함한 무수히 많은 요인이 시조새를 조류와 공룡 사이의 잃어버린 연결고리라는 가능성에서 강력하게 제외시킨다. 분명한 사실은 시조새는 아름답게 만들어진 날개와 오늘날에도 볼 수 있는 평범한 새의 깃털을 가진 채로 갑작스레 화석 기록에 등장했다는 것이다. 고인인 하버드대학의 스티븐 제이 굴드(Stephen Jay Gould; 미국의 고생물학자 1941~2002: 역주)와 아메리카 자연사 박물관(American Museum of Natural History)의 나일스 엘드리지(Niles Eldredge; 미국의 고생물학자, 스티븐 제이 굴드와 함께 1972년에 균형강조 이론을 제시했다: 역주)는, 모두 저돌적인 진화론자였음에도 불구하고 시조새는 과도기적 형태의 모습이 아니라고 결론을 내렸다.

> 하나님이 땅의 짐승을 그 종류대로, 가축을 그 종류대로, 땅에 기는 모든 것을 그 종류대로 만드시니 하나님이 보시기에 좋았더라. 창 1:25

프로아비스(Pro-avis)는 도마뱀과 새의 잃어버린 연결고리인가?

The Creation Answer Book

하버드대학의 스티븐 제이 굴드(Stephen Jay Gould) 박사가 시조새를 잃어버린 연결고리에서 제외시키고 난 몇 년 후, 예일대학의 존 오스트롬(John Ostrom) 박사는 프로아비스(Pro-avis)의 존재를 제안했다. 그렇다면 프로아비스는 과학적 기능인가, 아니면 과학적 허구인가?

첫째, 시조새와는 달리 프로아비스에 대한 화석 증거는 존재하지 않는다. 저명한 고생물학자인 존 오스트롬 박사는 공룡에 대한 현대의 이해에 혁신을 가져온 공을 인정받고 있다. 그런데 이는 단순히 프로아비스의 원형(原型; prototype)을 아메리칸 ≪사이언티스트(American Scientist)≫ 지에 그려놓은 것에 불과하다. 그렇게 해서 프로아비스는 존재하게 된 것이다. 창의력에서는 마땅히 인정되어야 하지만, 그렇다고 신뢰하기에는 매우 어려운 현실이다.

더욱이 프로아비스를 파충류와 조류 사이의 잃어버린 연결고리로 여기려면, 유전자 돌연변이에 공기 저항이 가해지면 파충류의 겉 모서리 비늘이 닳아 없어진다는 이론을 믿어야 한다. 그런 식으로 수백만 년의 세월 동안 비늘이 환상적으로 비행할 수 있는 깃털로 변형되어야 하는 것이다.

마지막으로, 과학이 발달함에 따라 심지어 가장 교조적인 진화론자들조차도 프로아비스와 같은 수도사우루스(pseudosaurs; false lizards; 상상으로 만들어진 허구적인 공룡을 뜻함: 역주)는 과학적 계몽주의 시대에서 더 이상 날아오를 수 없다는 사실에 직면하고 있다. 동화에서는 마모된 비늘이 깃털로 변하고 개구리가 왕자로 변하기도 한다. 대진화*의 개념에서 필요한 일은 그저 수백만 년만 추가하면 프로아비스가 환상적인 새로 둔갑하게 된다는 것이다.

《뉴스위크(Newsweek)》지는 시카고의 컨퍼런스에 회집한 주도적인 진화론자들의 정서를 이렇게 요약한다. "화석의 증거들이 이제 그동안 대부분의 미국인들이 고등학교 때 배웠던 정통 다윈주의와는 훨씬 다른 곳을 가리키고 있다."

비늘이 깃털로 진화되었다고 믿을 수 있는가?

The Creation Answer Book

진화론의 주된 견해는, 수백만 년의 세월을 통해 완전한 깃털이 만들어질 때까지 파충류의 비늘이 조금씩 깃털 모양으로 변한다는 것이다. 이러한 주장은 과연 믿을 만한 것인가, 아니면 단지 우스꽝스러운 발상인가?

과학이 발달함에 따라 그동안 기대하지 못했던 매우 복합적인 세상이 도래했고, 이는 진화론자들에게 엄청난 믿음의 도약을 요구하게 되었다. 통계학적 확률(statistical probability) 과학만 하더라도 무지향적 과정(undirected process)과 함께 작용하는 우연이 물고기 비늘 하나도 못 만들듯, 작은 핀치(Finch; 참새목 작은 조류 중의 일부로서 되새과 새들: 역주)의 깃털 한 자락도 창조하지 못한다는 것을 보여 준다.

더욱이, 깃털의 꼼꼼한 구성을 볼 때 진화론적 가능성에 일맥상통하기 어렵다. 깃털의 중심측에는 양쪽에서 적당한 각도로 돌출한 일련의 화살촉이 있다. 보다 작은 깃가지들의 열이 차례로 화살촉의 양쪽으로부터 튀어나와 있다. 작은 갈고리 같은 조그마한 걸이가 깃가지의 한쪽에서부터 아래로 돌출했으며, 인접 깃가지의 반대편 능선에 서로 맞물려 있다. 백만 개 이상의 깃가지가 공동으로 함께 하나의 완전한 깃털이 되도록 화살촉을 감싸 공기 유입에도 휘둘리지 않는다.

마지막으로, 깃털로 뒤덮인 날개의 심오한 공기역학(aerodynamic)적 성질을 생각해 보라. 깃털의 위치는 힘줄의 복잡한 네트워크에 의해 조종되고, 그것은 마치 블라인드의 날처럼 날개가 올라갈 때마다 깃털이 열리도록 만든다. 그 결과 상승할 때 바람의 저항은 크게 감소한다. 반면 하강할 때는 깃털들이 닫히고 효율적인 비행을 위한 공기 저항을 유도해 낸다.

매의 무시무시한 비행과 벌새의 잽싸고 정교하게 퍼덕이는 날갯짓을 아무런 안내와 목적이 없는 한 과정에서 우연히 발생한 것으로 치부한다면, 지식에서 반지식(anti-knowledge)로 날아가 버리는 것과 마찬가지다.

7장

창조와
진화

The
Creation
Answer
Book

다윈의 생명나무는 무엇인가?

찰스 다윈의 생명나무(Charles Darwin's Tree of Life)*에 따르면, 인간과 초파리는 공통의 조상을 가진다. 리처드 도킨스(Richard Dawkins)에 따르면, 남자아이들과 바나나도 그렇다. 이는 다음과 같은 질문을 가져온다. "다윈식 생명나무 버전은 무엇인가?"(성경에 영생을 주는 나무로 등장하는 생명나무를 다윈이 진화 계통수로 표방한 것인데, 저자는 생명나무의 다윈식 버전이라고 하면서 진화론을 비아냥거리는 뉘앙스를 보인다.)

첫째, 다윈의 생명나무는 삽화이다. 『종의 기원』(*The Origin of Species*)에서도 잘 나타나는데, 신실한 사람들에게 자신의 주장을 설득하려고 사용했다. 그에 말에 의하면, "모든 종들은 캄브리안 시스템(Cambrian system)의 첫 기초가 마련되기도 훨씬 전에 살았던 몇 안 되는 직계의 후손들이 있다." 나무의 뿌리에는 한 움큼의 유기적 구성요소가 있고, 가지 싹의 끝에는 현대의 모든 종들이 있다.

또 한편, 생명나무는 진화론에 있어서 하나의 아이콘 즉, 주된 상징이라고 볼 수 있다. 물론 수많은 이들에게 이 아이콘은 논란의 대상이 되었다. 이것을 단지 언급하는 것만으로도 추종자들이 공통유래*와 자연도태*라는 두 제단 앞에 머리를 조아려 숙이게 할 수 있다. "나는 추론해야 한다." 대제사장(다윈을 비꼬아 가리킴)은 읊조린다. 지구상에 살았던 모든 유기체들은 원시적 상태의 누군가로부터 유래된 것이라고 말이다.

마지막으로, 그 나무는 결국 틀렸다. 캄브리안으로 지정된 지질학적 시대에는, 생물학의 계층은 갑작스럽고도 완전하게 형성된다. 옥스퍼드대학의 동물학자 리처드 도킨스도, "화석들은 마치 아무런 진화의 역사 없이 그냥 그 자리에 심어진 것처럼 보인다."라고 인정했다.

그것이 바로 맞는 말이다. 다윈의 생명나무는 단지 캄브리아 폭발*로 인해 뿌리 뽑힌 것만은 아니다. 일반적인 화석 기록도 공통유래와 자연도태의 수단을 통한 종의 기원을 결코 드러내지 못한다.

하마가 고래로 진화했는가?

『종의 기원』(*The Origin of Species*)에서 다윈은 곰이 고래로 진화했을 것으로 생각했다. "곰 종류들이 점점 수생의 구조와 습성으로 자연도태되었을 것이라고 생각하는 데 별다른 문제가 없어 보인다. 입도 점점 커지고, 고래만큼 거대한 괴물로 만들어질 때까지 말이다." 놀랍게 비교될 정도로 현재의 다윈주의자들은 하마 같은 종류의 동물이 고래로 진화했을 것으로 생각한다. 고관절의 잠재력인가, 아니면 단지 이야기 속의 고래일 뿐인가?

하마 같은 종류의 동물이 고래로 변했다고 믿으려면, 엄청난 믿음의 도약이 필요하다. 간단히 말해서 현존하는 전이화석*들은 거의 부족한 상태다. 그렇기 때문에 예를 들면 분수공, 수중 음파 탐지기 그리고 다이빙 장치와 같은 놀라운 생리학적인 기능들은 정말 대단한 수준의 다윈주의적 헌신이 없으면 답하기 어렵다.

더욱이, 분자 증거는 화석 증거와 서로 엇갈린다. 분자의 유사성은 하마를 고래와 가장 가까운 친척으로 여기는 반면, 화석의 유사성은 하마가 돼지의 첫 사촌임을 나타낸다. 어떤 경우이든 간에 그러한 유사성들이 신다윈주의*의 정확한 근거라고 여기려면 상당한 믿음이 필요하다.

마지막으로, 방향도 목적도 없는 어느 한 과정이 민물과 육지에 사는 하마 같은 동물의 귀를 바다 소금물에 사는 고래의 방향 위치 탐지 기능*으로 변화시켰다고 하는 것에 대해 개인적으로 까놓고 말하자면, 내가 최대한 발휘할 수 있는 믿음보다 훨씬 더 큰 믿음을 요구한다.

다윈은 나름 핑계가 있었다. 그 당시에는 전이화석들이 상대적으로 드물었다. 더군다나 유전자 과학도 아직 발전하지 못했다. 그래서 일련의 유전자적 실수에 의해 삼천 파운드의 하마가 삼십만 파운드의 고래로 진화했다는 신다윈주의자들의 견해는 다윈주의자들이 주장했던 곰이 고래로 진화했다고 하는 것과 마찬가지로 억지 주장일 뿐이지 더 나은 것도 아니다.

진화가 신화라고 확신할 수 있는가?

일반인들에게 진화론은 '어른들을 위한 동화' 정도로 여기면 적당할 것이다. 그러나 나는 개인적으로 진화론을 그보다 훨씬 더 부정적으로 생각한다. 그것은 매우 잔혹한 거짓말이다. 사실 진화론을 뒷받침하는 주장들은 상당히 미약하다.

첫째, 화석 기록은 진화론자들에게 당혹감 그 자체이다. 한 종에서 다른 종으로의 입증된 전이는 아직까지 발견된 적이 없다. 다윈은 핑곗거리가 물론 있었다. 그 시대에는 상대적으로 화석 자료가 부족했기 때문이다. 그러나 오늘날에는 그렇지 않다. 무수히 많은 화석이 발견되었다. 그러나 여전히 한 종에서 다른 한 종으로 전이를 충분히 시사해 주는 것은 하나도 찾지 못했다.

더 나아가 다윈 시대에는 사람의 난자와 같이 매우 복잡한 구조를 가진 것도 단순한 것으로 여겨졌다. 실제로 그저 미세한 젤라틴(gelatin) 한 방울보다 조금 더 대단한 것으로 생각했다. 그러나 오늘날 인간의 수정란은 우주 전체에서 가장 복잡한 구조를 지닌 것으로 알려져 있다. 현대와 같은 과학의 계몽 시대에도 여전히 매우 복잡한 물질을 우연히 발생한 것으로 여기고 있는 사람들이 있다는 사실 자체가 믿기 어려울 정도이다. 난자나 인간의 눈동자 또는 그러한 문제라면, 지구는 그 정확도와 설계*에 있어서 결코 우연히 존재할 수 없는 실로 대단한 걸작이다.

마지막으로, 우연이라고 하는 것이 진화론에 큰 타격이라 한다면 과학의 법칙은 더 나아가 진화론에 결정적인 치명타를 날린다. 원인과 결과의 법칙을 포함한 과학의 기본 법칙은 기원에 관한 창조론적 모델을 단단히 뒷받침하는 반면, 진화론적 가설을 약화시킨다.

우리는 물론 과학 소설을 신봉할 수 있는 개인의 권리를 지켜주어야 하지만, 대진화*(한 종에서 다른 종으로의 진화) '확실성'을 중력의 법칙과 같은 실제 과학적 확실성과 견주어서 동일시하려는 시도는 반드시 거부해야 한다.

하나님이 선천적으로 결함 있는 눈을 만드셨는가?

다윈은 인간의 눈을 가리켜 "극단적으로 완전하면서도 문제가 많은 기관"으로 표현했다. 그러나 신다윈주의자*들에게 인간의 눈은 잘못 설계된 안구에 불과하다. 과연 어떠할까?

진화론자들은 무척추동물(예: 오징어)에서 볼 수 있는 정상망막(verted retina)이 척추동물(예: 인간)의 역망막(inverted retina)보다 더 진보된 것이라고 믿고 있지만, 사실은 그와 정반대이다. 예를 들어 역망막은 매우 세련된 신경계의 피드백 시스템 모양을 하고 있는데, 세부적인 것을 희생하지 않고도 대조를 강화할 수 있다. 심지어 자주 언급되는 사각 지대도 척추동물의 두 눈이 시야의 겹치는 부분을 제공하기 때문에 맹점이라고 볼 수 없다.

또한, 역사가 헨리 페트로스키(Henry Petroski)도 "모든 설계는 상충되는 목표가 포함되기 때문에 타협할 수밖에 없다."라고 말했다. 이러한 제한된 최적화는 상충된 목표의 바다 안에서 예술과 과학을 절충하게 한다. 예를 들면, 영화관 크기의 스크린은 영화를 보기에 적합할 수 있다. 그러나 집에서라면 그렇지 않다. 진화론의 생물학자들은 상호 연관 기능을 잊어버리고, 개별적인 기능에 집착하는 것으로 보인다. 제한된 최적화는 전체의 조화를 위한 절충안을 필요로 한다.

마지막으로, 사람의 눈이 잘못 설계되었다고 거만하게 말하는 것은 명백히 근시안적인 발상이다. 생물학의 진보가 심지어 눈의 가장 간단한 구조조차도 매우 복잡한 것으로 나타낸다. 다윈 시대에 눈물은 그저 단순한 것으로만 생각했다. 그러나 오늘날에는 그에 관한 수많은 책이 쓰였다. 물, 점액, 기름 그리고 전해액의 놀라운 조합으로 감염을 막을 뿐 아니라, 각막을 촉촉하게 유지하고 오염된 미립자로부터 눈을 깨끗이 씻어 준다.

다윈은 옳았다. 인간의 눈은 극단적으로 완벽하면서도 매우 복잡하다. 심지어 지금 이 순간조차도, 엄청난 자극이 당신의 눈에서부터 수백만 개의 신경섬유를 통해 시각령(視覺領; visual cortex, 시신경으로부터 흥분을 받아들이는 대뇌 피질의 부분: 역주)이라 불리는 두뇌의 복잡한 컴퓨터 센터로 정보를 전달하면서 긴 여행을 한다. 눈에서부터 두뇌에 위치한 운동 신경 세포로 시각 정보를 연결하는 것은 매일 사는 과정에서 치명적이리만치 중요하다. 눈의 조직화된 발달과 뇌의 상호작용 없이 둘 중 하나만 개별적으로 고립되어 발달했다고 한다면, 아무런 의미도 없을 뿐더러 오히려 역효과를 불러왔을 것이다. 실로 눈은 하나님에 의해 인간의 몸 전체와 조화를 이루며 동반 효과를 불러오도록 결점 없이 설계되었다.

유인원의 존재는 허구인가, 사기인가 혹은 상상인가?

The Creation Answer Book

누군가 말했듯이, 뼈 비즈니스(bone business; 유인원의 골격을 발견하는 학자들을 풍자하고 있음: 역주)만한 비즈니스도 없다. 피테칸트로푸스 직립원인(Pithecanthropus erectus), 필트다운인(Piltdown man), 북경원인(Peking man)이 그 좋은 예다.

유인원 중에서도 트로푸스 직립원인이 가장 잘 알려진 상징적인 존재이다. 그러나 잘 알려지지 않은 것은 유인원과 인간 사이의 이러한 허구적인 진화의 잃어버린 연결고리*가 단지 두개모, 대퇴골, 치아 세 개 그리고 비옥한 상상력에만 그 토대를 두고 있다는 사실이다. 다윈의 제자인 아서 키스 경(Sir Arthur Kieth)은 피테칸트로푸스를 그의 전문직에서 발전하는 속임수의 한 예로 지목했다. 그럼에도 하버드대학의 리처드 르원틴(Richard Lewontin) 박사는 자바원인(Java man)이란 애칭을 가진 피테칸트로푸스 직립 원인은 "진화의 5대 진실" 중 하나로 필히 가르쳐야 한다고 주장했다.

또한, 필트다운인은 교묘하게 조작되고 추악하게 실행된 유명한 사기극이다. 침팬지의 얼룩진 턱뼈를 인간의 두개골과 연결한 것이다. 아이러니하게도 앞서 언급한 아서 키스 경은 필트다운인이 "지금까지 발견된 어떤 인간의 형태보다도 네안데르탈인(Neanderthal)과 현대인이 유래된 인류의 공통 조상과 가장 근접한 모습을 보여 주고 있다."고 주창했다. 그 교수뿐만이 아니었다. 필트다운인은 이후 40년간 순진한 학생들이 대진화*를 사실로 생각하도록 속이는 데 사용되었다.

마지막으로, 북경원인은 순전한 환상에 불과하다. 소원이 실제 존재하지 않는 현실을 낳은 것이다. 북경원인은 진화론 발굴을 위한 자금조달이 고갈되어 고심하던 데이비슨 블랙(Dr. Davidson Black) 박사에 의해 발견되었는데 먼지 뒤덮인 오래된 치아에 기초하여 날조되었다. 록펠러 재단(Rockefeller Foundation)은 데이비드슨 박사에게 후한 상금을 수여하여 계속해서 발굴 작업을 진행하도록 했다. 그 결과 많은 시간에 걸쳐 북경원인이 흥미로운 화석의 조합으로 진화해 갔지만 유인원의 전이 단계로서는 매우 신뢰하기 어렵다는 것이 밝혀졌다.

시간이 흐르면 이해력이 점차 증가하는 것이 상식이다. 그러나 이번 경우에는 결코 그렇지 않다. 2009년, 아디다(Ida; Dariwinius masillae)라고 애정 어린 애칭을 얻게 된 영장류 화석은 "세계 8대 불가사리"로 불렸다. 인간과 나머지 동물 세계와의 연결고리이자 4700만 년 동안 발견된 것들 중 가장 중요한 화석이라고 여겨지면서 말이다. 그러나 최근, 진화론 과학자들은 한결같이 아이다가 인간의 진화에 어떤 위치도 차지하지 않고 있다고 확신하고 있다.

마음은 두뇌의 활동과 동일한가?

하나님께서는 우리를 육체와 영혼의 일체로 창조하셨는가? 아니면 단지 사유가 조건 반사로 축소된 물질적인 존재로 만드셨는가?

논리적으로, 우리는 마음과 두뇌가 서로 다른 특징을 지닌 영역의 것임을 인정한다. 한순간의 빛의 반사조차도, 이성적인 사람에게 색깔의 경험이 빛의 파장 이상의 것이라고 확신시키기에 충분하다. 만일 우리가 단순히 물질적인 존재라고 한다면, 그러한 주관적인 의식의 특성을 경험하지 못할 것이다.

또한 법적인 관점에서 볼 때, 단지 물질적인 존재라면 작년에 저지른 범죄 행위에 대한 책임을 물을 수도 없다. 왜냐하면 육체적인 정체성은 시간의 흐름에 따라 변하기 때문이다. 매일 우리는 무수히 많은 미세한 세포조직들을 잃게 되고, 칠 년마다 사실상 우리 신체의 물리적인 부분들은 모조리 바뀌게 된다.

마지막으로, 단순한 물리적인 세상에서는 자유의지가 존재하지 않는다. 그러한 세상에서라면, 모든 것이 숙명적으로 기계적이고 물질적인 과정으로 격하될 수밖에 없다.

　요약하면, 논리적으로 볼 때 우리는 자아와 같은 인간의 비물리적인 측면을 인식한다. 법적으로는 시간이 흘러도 개인의 정체성을 규정하는 영혼의 동일성(sameness of soul)을 인식한다. 자유의지는 우리가 단순한 물질적인 로봇이 아니라는 사실을 가정한다.

단백질 분자가 우연히 존재할 수 있다는
사실이 가능한가?

The Creation Answer Book

원시적 생명체의 처음 조직화된 형체가 어떻게 발달했는지에 대한 진화론은 현실과 전혀 맞지 않다.

지구상에 존재하는 상상할 수 없으리만치 무수하고 다양한 세포 중에서 진화의 진행과정을 설명할 증거라고는 어느 한 조각도 없다.

또한, 어떤 살아 있는 생명체도 다른 생명체와 비교하여 원시적이라고 말할 수는 없다. 예를 들어 생각해 보자. 하나의 생명은 가장 최소한으로 따져도 250종류 이상의 단백질 분자를 필요로 한다.

마지막으로, 진화의 과정에 모든 가능한 관용을 다 베푼다고 해도 우연에 의해 단순한 단백질 분자를 조직할 가능성은 10^{161}(161개의 0이 숫자 1뒤에 따른다)분의 1의 확률밖에 되지 않는다. 준거 틀을 제공하자면, 그에 반해 우주 전체에는 고작 10^{80}(80

개의 0이 숫자 1뒤에 따른다)종류의 원자가 존재한다는 사실이다.

만약 세월이 흘러 단백질 분자가 마침내 우연히 형성된다고 하더라도, 두 번째 단백질이 만들어지는 것은 무한히 더 어렵다. 그렇기 때문에 통계학적 확률의 과학에서 무작위 과정을 통한 단백질 분자 형성은 개연성이 낮은 정도가 아니라 불가능한 일이다. 더욱이 세포 하나 또는 침팬지 한 마리를 형성하는 것은 도저히 그림으로도 설명할 수가 없다.

어리석은 자는 그의 마음에 이르기를 하나님이 없다 하는도다.
시 14:1

하나님께서 창조의 수단으로 진화를 사용하셨는가?

The Creation Answer Book

"유신론적 진화론"(theistic evolution)이라는 깃발 아래, 하나님께서 진화를 그분의 창조 사역의 도구로 사용하셨다고 주장하는 그리스도인의 수가 점점 증가하고 있다. 내 개인적인 판단으로 이것은 모든 가능성 중에서도 가장 최악의 경우라고 생각한다. 결국 진화론을 믿으면서도, 다른 한편으로는 그것에 대해 하나님께 책임을 떠넘기는 것과 같다.

성경의 창조기사는 하나님께서 모든 살아 있는 피조물을 그들의 "종류대로" 창조하셨다고 구체적으로 표명하고 있다(창 1:24-25). 과학에 의해 증명되었듯이, 태아의 DNA는 개구리의 DNA와 다르고, 개구리의 DNA는 물고기의 DNA와도 다르다. 태아와 개구리와 물고기의 DNA는 각각 자신의 종류의 재생산을 위해서만 프로그램화되어 있다. 그러므로 성경과 과학 모두 소진화*(같은 종 내에서의 전이)는 인정하고 있지만, 대진화*(아메바가 유인원으로 진화되고 유인원이 우주 비행사로 진화되는 식의 전이)는 인정하지 않는다.

더 나아가, 진화는 상상 가능한 창조에서 가장 잔혹하고 가장 비효율적인 시스템이다. 아마 노벨 수상자인 진화론자 자크 모노(Jacques Monod)의 말이 가장 최선의 표현일 것이다. "생존과 최약자의 제명(elimination of the weakest)은 끔찍한 과정이다. 현대 윤리 전체가 그에 반박할 것이다." 모노 박사는 또한 말했다. "나는 기독교인들이 그러한 생각을 진화의 과정 속에 마치 하나님께서 어느 정도 정해 놓으신 것이라고 주장하는 것을 보면 놀라움을 금치 못한다."

마지막으로, 유신론적 진화론은 마치 타오르는 눈꽃(flaming snowflakes)이라는 표현처럼, 용어 자체 내에서 서로 모순된다. 하나님은 네모난 동그라미를 창조할 수 없으신 만큼 무방향의 과정(undirected process)을 안내하실 수도 없다. 그럼에도 바로 이러한 내용이 유신론적 진화론에서 가정하고 있는 것들이다.

진화론은 스스로의 생존을 위해 몸부림치고 있다. 유신론적 진화론과 같은 방법으로 그들을 받쳐 줄 필요가 없다. 오히려 생각 있는 사람이라면 누구든지 진화론의 종말을 보여 줄 선봉대에 서야 할 것이다.

인류의 모든 족속을 한 혈통으로 만드사 온 땅에 살게 하시고 그
들의 연대를 정하시며 거주의 경계를 한정하셨으니 이는 사람
으로 혹 하나님을 더듬어 찾아 발견하게 하려 하심이로되 그는
우리 각 사람에게서 멀리 계시지 아니하도다. ^{행 17:26-27}

외계인이 생명의 기원을 설명할 수 있는가?

범종설(汎種說; panspermia)은 여러 다른 의미로도 사용되고 있지만, 기본적인 개념은 생명이 외계인을 통해 (지시되었거나) 혹은 운석에 의해 (아무런 지시 없이) 주어졌다는 것이다. 다윈주의자의 최고 권위라고 할 수 있는 리처드 도킨스 박사도 그러한 주장이 '매우 흥미로운 가능성'이라고 생각한다. 그러나 현실적으로 범종설은, 문자적으로 말하면, "모든 곳에 씨를 뿌린다."는 뜻으로, 생명의 기원에 대한 자연주의적 난제를 풀기에는 매우 역부족인 개념이다.

도킨스 박사가 지적 설계*를 즐겁게 만들어 주는 방향으로 나아가고는 있지만, 생명의 기원에 관해서는 아직 제대로 된 해답에 도달하지 못하고 있다. 만일 지구의 생명이 외계인에 의해 기원되었다고 한다면(지시된 범종설; directed panspermia), 다음 질문은, "외계인의 생명은 어디로부터 왔는가?"가 된다. 무한역행*적인 대답은 질문 요지에 정확한 답을 할 수가 없다. 원인도 없이 단지 결과만 증폭시킬 뿐이다.

더욱이, 생명이 기적적으로 우주 어디로부턴가 기원했다고 하는 절박한 주장을 받아들인다 하더라도 지구로 여행하는 운석(지시되지 않은 범종설; undirected panspermia)의 자외 복사(ultra radiation)와 같은 치명적인 위협에서 생존할 공산은 실질적으로 없다고 봐야 한다.

마지막으로, 철학적 자연주의*는 우주 다른 곳의 생명의 기원만큼이나 지구 생명의 기원도 더 이상 설명할 수 없다. 생명의 생물학적 조직은 간단히 말해 지적 설계자의 의도적인 설계 없이 그저 우연으로 형성되기에는 너무도 복잡하다.

요약하면, 지시된 범종설이든 지시되지 않은 범종설이든, 이는 생명의 기원을 설명할 만한 타당성을 갖지 못한다.

> 여호와는 천지와 바다와 그 중의 만물을 지으시며 영원히 진실함을 지키시며. [시 146:6]

다윈은 그의 죽음의 침상에서 회심하였는가?

진화론의 거짓을 규명하기 위해 신자들은 다윈이 마지막 임종 때에 회심했다는 이야기를 정기적으로 나누곤 한다. 반면 진화론자들은 그러한 주장에 대해 다윈이 임종 때에도 기독교는 거짓이라고 믿었다며 거세게 저항한다.

우리는 다윈이 그의 이론을 철회했든 그렇지 않든 상관없이 그 자체로 진화론의 패러다임이 진실인지 거짓인지를 설명하는 것은 아니라는 점에 유념해야 한다. 다윈은 아마 말년에 노망이 들어서 진화론을 부인했는지도 모른다. 향정신성 의약품의 영향이 있었는지도 모른다. 아니면, 자신의 무모한 도박에 '영원한 지옥불 보험 정책'(eternal fire insurance policy)의 일환으로 보호막을 친 것인지도 모른다.

더 나아가, 그의 저작 *The Darwin Legend*(다윈의 전설)에서 제임스 무어(James Moore)는 다윈이 자신의 진화론을 철회했다는 실제적인 증거는 없다고 진술하고 있다. 그러나 그의 진화론을 죽기 일보 직전까지 고수했다고 하는 충분한 증거는 있다.

마지막으로, 스스로 "길"(the way)이자 "생명"(the life)일 뿐 아니라 "진리"(the truth)로 선포하고 계시는 분(요 14:6)을 따르는 사람들로서, 우리는 반드시 진화론자들을 위한 기준을 정해 주어야 한다. 그 반대가 되어서는 안 된다. 설령 다윈이 버렸다고 해서 단지 그 이유 때문에 진화론이 틀린 것은 아니다. 진화론이 거짓인 이유는 실제 현실과는 전혀 상응하지 않는 것이기 때문이다.

7장

창조와
진화

심화학습

The
Creation
Answer
Book

지적 창조가 과학일 수 있는가?

옥스퍼드대학의 대중의 과학 이해(Public Understanding of Science) 교수이자 논란의 여지가 있겠지만 지구상에서 가장 유명한 다윈주의자로 알려진 리처드 도킨스 박사는 진화론을 믿지 않는 사람들을 가리켜, "무지하고, 어리석거나 정신 나간 사람"들이라고 말한다. 그러나 수사학적이고 감정적인 고정 관념을 대신해서, 지적 설계(이하 ID로 칭함; Intelligent Design) 지지자들은 이성적 사유와 경험주의적* 과학을 붙들고 있다.

ID 지지자들은 과학적 증거가 어디를 향하든지 따르고자 한다. ID 이론 주창자들은 그들이 대면하는 무한 정보의 우주 현상을 위해 초자연적인 설명을 상상하거나 배제하지도 않는다. 그렇기 때문에 ID 운동은 제대로 열린 마음으로 과학을 탐구한다.

ID는 구체적이고 조직화된 복합체(정보)가 있는 곳이라면 어디든 지적 설계의 탐구가 가능하다는 일반적인 과학적 원리에서 출발했다. 이러한 설계 원리는 고고학, 법의학, 범죄 현장 조사, 암호학, 지구 밖 문명 탐사(SETI; Search for Extraterrestrial Intelligence)를 포함한 많은 과학 분야에서 중심이 되고 있다. 축소 불가능하고 복잡한 생화학 시스템이자 어마어마한 정보를 지닌 DNA와 캄브리아 대폭발* 그리고 지구가 은하계에서 유일하게 생존과 과학 탐구에 완벽하게 알맞은 행성이라는 사실을 생각할 때, 지적 설계자의 존재가 가장 신빙성 있는 설명이 된다.

마지막으로, 비록 결론이 중립적인 세계관은 아니라고 할지라도 다윈의 진화론이 반드시 무신론을 지지하는 것이 아닌 것처럼 지적 설계론(ID)도 기독교 유신론을 반드시 지지하는 것은 아니다. 그러므로 ID의 공공 교육의 적합성 문제는 그 이론이 가진 설명 능력에 근거해서 판단되어야지 형이상학적인 함의*에 의해 판단되어서는 안 된다.

> 창세로부터 그의 보이지 아니하는 것들 곧 그의 영원하신 능력과 신성이 그가 만드신 만물에 분명히 보여 알려졌나니 그러므로 그들이 핑계하지 못할지니라. 롬 1:20

진화론자들은 인종 차별주의자들인가?

다윈주의 변증가 리처드 도킨스가 자신의 공공연한 인종 차별적 태도에서 죄책을 면하고자 영리하게 시도하고는 있지만, 그의 편협한 생각이 한심한 것은 아니라고 한다면 우스꽝스럽기만 할 뿐이다.

"생존 경쟁에서 선호되는 인종의 보존"(Preservation of Favored Races in the Struggle for Life)을 인식하는 다윈의 글을 읽는 데 필요한 것은 '인종들 내의 개인'이 아니라 분명히 '인종'이다. 다윈의 문제작 *The Descent of Man*(인간의 유래)을 예를 들면, 그 책에서 다윈은 "언젠가 그리 멀지 않은 미래 시대에는 모든 세계에서 인류의 문명화된 인종이 미개한 인종들을 거의 모조리 멸하거나 대체할 것이다."라고 했다. 추가로 불가지론(agnostic)이란 용어를 창출했으며, 다윈주의 교리 발전에 지대한 공을 세운 토마스 헉슬리(Thomas Huxley)는 공공연히 말했다. "이성적인 사람은 일반 흑인들이 평등하다는 사실을 인식하지도 않을 뿐더러, 그들은 여전히 백인들보다 모자란 존재라고 믿는다."

더 나아가, 성공적인 진화를 위해서는 약자는 죽고 강자는 생존하는 것이 필연적이다. 그의 저서 *Bones of Contention*(인골의 쟁점)에서 마빈 루브노(Marvin Lubenow)는 바르게 지적했다. "만일 약자가 무기한으로 생존하게 되면, 그들은 계속해서 강자에게 자신들의 열등한 유전자를 '감염'시킬 것이다. 그 결과 우성 인자는 점차 희박해지고, 열성 인자에 의해 절충되며, 진화는 발생하지 못하게 된다." 유대인은 인간 이하의 존재이며, 아리안(Aryan)은 우월한 인간이라는 아돌프 히틀러(Adolf Hitler)의 철학은 결국 6백만 명의 유대인을 학살하는 결과를 초래했다. 맹렬한 반기독교인이자 자연인류학자인 아서 키스 경(Sir Aurthur Keith)은 다음과 같이 말했다. "내가 항상 주장하는 바이지만, 독일 독재자(히틀러)는 진화론자이다. 그는 의식적으로 독일의 행위가 진화 이론에 충실히 따르기를 원했다."

마지막으로, 다윈 시대의 진화론적 인종 차별은 현 정치 상황에 옳지 못한 것임에도 현 생물학 교과서는 여전히 인종 차별의 잔재를 보여 주고 있다. 예를 들면, 선천적인 인종 차별주의자의 진화재연설(recapitulation theory), 즉 개체발생 반복 계통발생론(ontogeny recapitulates phylogeny: 발달 과정에서 배아가 그 종의 진화 역사를 반복하는 것)은 과학 교과정의 공통 메뉴일 뿐 아니라 칼 세이건(Carl Sagan)과 같은 권위자로부터 큰 지지를 받고 있다. 분자 유전학이 그 독단론의 허위성을 잘 폭로하고 있다는 사실에도 불구하고, 하버드대학의 스티븐 제이 굴드 박사와 같은 신다윈주의자*들은 "발생 반복(recapiculation)은 백인 과학자들에게 만연하는 인종 차별의 편리한 주안점을 제공해 준다."라고 비난하면서, 여전히 핑계 구실을 만들어 내고 있다.

> 하나님이 자기 형상 곧 하나님의 형상대로 사람을 창조하시되
> 남자와 여자를 창조하시고. 창 1:27

캄브리아 대폭발이란 무엇인가?

캄브리아 대폭발*은 빅뱅의 생물학적 버전이라고 할 수 있다. 우주의 빅뱅이 우주의 영원한 정설(dogma)을 풀어낸 것처럼, 생물학의 빅뱅 또한 다윈의 생명나무를 뿌리째 뒤흔들었다.

만약 모든 지질학적 역사가 24시간의 시계로 압축된 세상이라면 그동안 알고 있던 대부분의 뚜렷한 동물 형태들은 첫 21시간의 2분 동안 갑자기 등장했다고 볼 수 있다. 이렇게 갑작스럽고 동시다발적인 체제의 넓은 배열이 나타난 것은 엄청난 양의 정보가 투입되었다는 사실을 가리키며, 이는 곧 지적 설계*자에게로 그 공을 돌릴 수밖에 없도록 만든다.

더 나아가, 다윈은 모든 유기체들이 무작위적 변이에 작용된 자연도태*의 결과로 인해 공통 조상으로부터 진화했다는 이론을 창설했다. 그러나 캄브리아 대폭발은 정확히 그 반대 방향을 가리킨다. 다윈도 이 부분에서 솔직히 말했다. "구체적인 형태의 어떤 뚜렷한 특성과 무수히 많은 전이 연결고리에 의해 뒤섞이지 않았다는 점은 명백한 어려움인 것이 사실이다."

마지막으로, 다윈은 캄브리아 대폭발의 화석으로 이끄는 수십만 개의 진화의 잃어버린 연결고리*를 기대했지만 실제로는 단 하나도 없었다. 그리고 다윈 이후로 이 문제는 더 심각해졌다. 화석 기록은 훨씬 많이 발굴됐다. 그러나 모든 동물의 신체는 현재 그들이 가진 모습과 동일한 형태로 화석에 남아 있다. 진화론자이자 탁월한 생물학자인 루돌프 라프(Rudolf Raff)는 "이미 우리에게 알려진 동물들의 체제는 캄브리아 대폭발* 때에 나타난 것으로 추정된다."라고 말했다.

여기서 다윈의 허심탄회한 고백은 주목할 만하다. "만일 어떤 종류로든지 수많은, 연속적인 그리고 경미한 수정에 의해 형성될 가능성이 없는 복잡한 유기체가 존재했다고 한다면, 나의 이론은 완전히 무너질 것이다." 그리고 이 말은 그대로 정확히 이루어졌다.

사람은 인류의 조상들로부터 진화했는가?

The Creation Answer Book

"원시인"(Ape Man: The Story of Human Evolution)이 개봉되자 CBS 저녁 뉴스의 앵커인 월터 크롱카이트(Walter Cronkite)는 "아버지의 아버지의 아버지의 아버지로, 아마 50만 세대 정도 계속 거슬러 올라가다 보면, 약 5백만 년 전에는 유원인이 있었을 것이다."라고 말했다. 과연 그의 주장은 맞는가? 아니면, 원시인을 둘러싼 하나의 반지식의 실례에 불과한가?

≪원시인(Ape Man)≫, ≪내셔널 지오그래픽(National Geographic)≫ 또는 ≪타임(Time)≫ 지 어디에서든 유원인에서 인간으로의 진화는 논란이 되고 있다. 다른 말로 하면, 손을 질질 끌면서 걸어다니는 유원인이 상상 속 진화의 연결고리*(호미니드*)가 되어 현대인으로 변화되는 그림이 너무 많은 장소에 등장하면서 결국 그 삽화가 실제 증거로까지 진화하고 말았다. 진화론자들에 의해 진화의 상징적인 존재로 최근 지명된 후보들의 등장은 우리가 지

난 과거의 후보들 중 하나였던 루시*처럼 발굴자들에게는 명성을 안겨 주었지만 인간 진화 과정의 중요 모본으로 구분되는 것에는 실패했던 사례들을 잊지 않도록 한다.

더욱이, 호미니드의 사체 화석 표본이 계속 증가함에 따라 호미니드와 인간 사이의 구성과 문화에는 도저히 건널 수 없는 틈이 있다는 사실이 더욱 입증되고 있다. 또한 다른 종 간에 비슷한 구조는 족보상의 관계에 충분한 근거를 제공하지 않는다. 즉 공통 조상*은 단지 유사점들을 설명하기 위해 사용된 진화론적 가정이다. 호미니드와 인간이 둘 다 직립보행을 하기 때문에 서로 밀접하게 관련된다고 가정하는 것은, 벌새와 헬리콥터 모두 날 수 있기 때문에 서로 가까운 관계라고 가정하는 것과 다를 바 없다. 실제로, 읽지도 쓰지도 못하는 원시인과 명곡을 작곡하고 달을 정복하는 인간 사이의 거리 간격은 무한하기만 하다.

마지막으로, 진화론은 생명의 기원, 유전자 코드 또는 인간의 수정란에서부터 생명을 탄생시키기 위한 기발한 동기화 과정에 대해 만족할 만한 설명을 하지 못한다. 그뿐만 아니라 진화론은 물리적 과정이 어떻게 의식이나 영성 같은 형이상학적인 실체를 만들어 낼 수 있는지도 설명하지 못한다. '잃어버린 열결고리'를 생산해 내고자 하는 끝없는 욕구가 상업주의, 선정주의 그리고 주관주의를 견고한 과학의 대용으로 만들어 내고 있다.

자연적 진화에 대한 믿음은 얼마나
심각한 결과를 초래하는가?

The Creation Answer Book

그 어느 것보다도 진화론의 우주기원*에 관한 신화가 사회에 미치는 영향은 매우 크다. 그 영향 중에는 개인의 주권, 성의 혁명 그리고 적자생존 등이 있다.

19세기에 주창된 신의 죽음은 인간으로 하여금 자신들이 우주의 통치자라고 선포하는 시대를 열게 했다. 인류의 자주권에 대한 인식은 주관주의라는 제단 앞에 진리를 희생 제물로 바치게 했다. 윤리와 도덕은 더 이상 객관적인 기준에 의해 가늠되기보다는 가장 최근의 로비 단체의 규모와 힘에 의해 좌우되고 있다. 영구적인 기준 없이 사회 규범은 단지 선호도의 문제로 축소되었다.

더 나아가, 진화론적 교리는 사회에 성 혁명이라는 매우 절망적인 결과를 가져왔다. 우리는 전능하신 분을 저버리고 간통, 낙태 그리고 에이즈를 불러왔다. 간통은 정절보다는 감정에 더 충실하기로 작정한 진화론적 남성들에 의해 매우 흔한 현상이 되었다. 윤리보다도 편리를 더 선호한 사람들로 인해 낙태는 유행처럼 번져 갔다. 그리고 에이즈는 헌신과 관계없이 콘돔만을 외쳐대는 사람들에 의해 전 세계적으로 광범위한 유행병이 되었다.

마지막으로, 진화론은 적자생존과 같은 인종차별주의자들의 상투적인 문구를 확산시켰다. 이러한 잘못된 우주기원의 신화로 인해 가져온 엄청난 결과는 우생학(eugenics)이라는 사이비과학에서 가장 많이 발견된다. 우생학은 열등한 사람들의 건강하지 않은 유전자들이 유전자의 바다를 오염시키고 있다고 가정한다. 그 결과 우리 사회의 일부인 유대인과 흑인들이 국가의 허가 아래 단종될 뻔한 위기를 겪기도 했다.

감사하게도, 우생학은 어두운 역사의 그늘로 서서히 사라져 갔다. 그러나 그러한 것을 배출했던 진화론적 교리의 끔찍한 영향은 오늘날에도 여전히 우리와 함께하고 있다.

> 먼저 내가 예수 그리스도로 말미암아 너희 모든 사람에 관하여 내 하나님께 감사함은 너희 믿음이 온 세상에 전파됨이로다.
> 롬 1:8

중단평형설(punctuated equilibrium)은 과학적으로 타당한가?

하버드대학의 스티븐 제이 굴드(Stephen Jay Gould) 박사는 "종(Species)은 그것의 조상들의 꾸준한 변이에 의해 점진적으로 나타나는 것이 아니라, 한 번에 '온전한 형태로' 등장한다."라고 말했다. 다른 말로 하면, 종은 화석 기록(punctuation;句點)에 잡히기에는 너무 빠른 진화론적 변화 간격 때문에 오랜 기간의 시간(equilibrium; 평형) 동안 상대적으로 변하지 않는다는 것이다. 중단평형설(punctuated equilibrium)을 하나의 믿음의 도약이라고 칭하는 것은 그것이 가진 결함을 축소해서 말하는 것이다.

첫째, 비록 잘 알려진 것이기는 하지만 이러한 진화론적 가정은 굴드 박사가 "전이 화석*의 극단적인 희귀"라고 언급한 것에 의해 자극된 것이다. 그러므로 이것은 전형적인 무언 논법이다.

또한, 중단평형설은 유전자 과학의 단면으로 치닫고 있다. 파충류의 DNA는 조류의 DNA와 다르다. 각기 자기 고유의 종류를 재생산하기 위해 독특한 방식으로 프로그램화되어 있다.

마지막으로, 진화론이 파충류에서 새가 아니라 단지 비늘에서 깃털로일 뿐이라고 하더라도, 그러한 도약은 여전히 말도 안 되는 환상에 불과하다. 그렇게 도약한 유전자는 현재의 새가 아니라 아주 흉물스러운 괴물을 만들었을 것이다.

아마도 가장 끔직한 비극은 중단평형설이 다음과 같이 유명한 과학 기관들에 의해 아이들에게 강요되는 신학적 패러다임이라는 사실이다. 미국 과학진흥협회(american association for the advancement of science), 미국 교육회의(the American Council on Education) 그리고 국제 아동교육협회(the association for childhood education international) 등이 그 예이다.

> 누구든지 나를 믿는 이 작은 자 중 하나를 실족하게 하면 차라리 연자 맷돌이 그 목에 달려서 깊은 바다에 빠뜨려지는 것이 나으니라. 마 18:6

지동설이 천동설에 승리한 이유는 무엇인가?

The Creation Answer Book

지동설과 천동설의 논쟁이 마치 과학과 성경의 싸움으로 종종 치부되지만, 실제로는 과학과 과학의 싸움이다.

BC 3세기에 아리스타르코스(Aristarchus)는 태양과 달의 크기 및 거리를 관찰한 후 우리 행성계의 유일한 발광체가 중심에 위치한다고 생각했다. 그리하여 그는 지동설을 지지하면서 천동설을 저버렸다. 그의 계산에도 불구하고, 천동설뿐만 아니라 과학으로 믿기 어려운 영원한 우주라는 개념을 지지했던 아리스토텔레스의 관점이 거의 2천 년 이상 지속되었다.

또한 행성의 움직임을 면밀하게 관찰한 코페르니쿠스(Copernicus)는 아리스타르코스가 주창한 지동설을 따라 프톨레마이오스(Ptolemy)에 의해 정설로 인정된 천동설을 저버렸다. 비극적이게도, 그 시대의 이상적 모양의 단호한 편견이 코페르니쿠스가 주장한 행성 궤도가 둥글기보다는 타원형일 것이라는 생각을 막았다. 그러나 1620년 케플러(Kepler)의 관찰 데이터로 그러한 과학적 편견은 극복되었다.

마지막으로, 코페르니쿠스 이후 반세기 만에 갈릴레오(Galileo)는 망원경을 손에 들고 금성이 주기적으로 변하는 모습과 목성의 네 위성을 관찰함으로써 지동설을 입증했다. 아이러니하게도, 갈릴레오의 관측 데이터는 고대 지성 이교도들(프톨레마이오스와 아리스토텔레스)가 주장한 천동설을 정설로 인정한 로마 교황청에 의해 거부되었다.

박물학자들은 우연을 진화의 유일한 원인으로 간주하고 있는가?

The Creation Answer Book

한마디로, 아니다! 더 학식 있는 박물학자일수록 우연일 뿐이라는 가설은 설득력이 없다고 인정한다. 그래서 그들은 자연도태*나 지적이지 않은 비확률적 메커니즘(unintelligent nonrandom mechanism)이 그 과정 속에 작용한 것으로 생각한다. 그러나 이것은 진화론적 가설의 문제를 그다지 제한하지 않는다.

자연도태를 통해 유전자 코드 정보가 증가한다는 주장에는 증거가 없다는 사실을 알아야 한다. 또한 그 어떠한 물리적인 법칙도 유전자 물질의 풍부한 정보 콘텐츠를 설명할 수 없다.

더욱이, 유익한 변화의 축적이 전반적으로 향상된 설계를 생산한다고 주장하는 것은 잘못되었다. 다시 말하면, 여러 작은 변화가 모여 결국 영광스러운 최종 산물이 되는 것은 필연적인 게 아니라는 말이다.

마지막으로, 진화적 언어장벽*을 가늠할 수 있는 이들은 무슨 일이 벌어지고 있는지를 즉시 깨닫게 된다. 진화론자들은 결국 지적 설계*의 의미를 "자연 도태"라는 단어에 쏟아부으면서 말하고 있는 것이다.

> 인생들아 어느 때까지 나의 영광을 바꾸어 욕되게 하며 헛된 일을 좋아하고 거짓을 구하려는가. 시 4:2

8장

창조와 재창조

The
Creation
Answer
Book

아담과 하와도 영원한 천국에서 새로운 육신의 몸을 갖게 되는가?

평범한 애벌레가 자신이 아름다운 나비가 될 것을 상상하는 것이 결코 불가능한 것처럼, 구원받은 사람이 천국에서 자신의 몸이 어떻게 변할지 완전히 이해하는 것도 절대 불가능한 일이다. 한 가지 우리가 알 수 있는 것은, 우리의 처음 조상이나 우리나 모두 새로운 육신의 몸을 갖게 되는 것이 아니라는 사실이다.

그리스도의 몸의 부활에 대해 성경이 묘사하고 있는 부분을 생각해 보라. 그리스도의 죽은 몸과 부활한 몸이 일대일 대응을 하고 있듯, 우리 부활의 육신도 마찬가지로 현재 우리가 소유한 몸과 수치상으로 동일할 것이다. 다른 말로 하면, 아담, 하와 또는 누구든지 간에 구속함을 입은 자들은 완전히 새로운 몸을 다시 받는 게 아니라, 자신들의 본래 몸이 온전히 변화되는 것이다.

더 나아가, 전통적으로 우리 현재 몸의 모든 세포가 천국에서 모두 회복된다고는 말하지 않지만 우리가 지닌 이 땅에서의 몸과 하늘에서의 몸은 서로 연속선상에 있다. 우리의 사고를 돕기 위해 사도 바울은 씨앗의 비유를 들고 있다(고전 15:35-38). 마치 씨앗이 장차 될 형체로 변화되는 것처럼, 언젠가는 죽어야 할 육신의 몸 또한 그것이 장차 될 영원히 죽지 않는 몸으로 변화한다는 것이다. 우리의 영광스러운 몸의 청사진이 현재 우리가 지닌 몸 안에 들어 있지만 그 청사진도 결국 그것이 실제로 만들어진 모습과 비교하면 아무것도 아니다(고후 5:1).

마지막으로, 바울은 "영의 몸"(고전 15:44)에 대해 말하고는 있지만 우리가 이후에 영적인 존재로 재창조된다고 말하려는 의도는 아니다. 오히려 현재 우리의 몸이 천국에서는 쾌락과 감각의 지배가 아니라 영의 지배를 받고, 단지 자연스럽기만 한 것이 아니라 죄로부터 자유한 가운데 죄의 노예가 아닌 초자연적인 모습이 된다는 것이다. 비록 우리는 계속해서 죄악된 성향과 싸울 수밖에 없는 현실에 있지만, 우리의 자연적인 육체가 죽지 않고 타락할 수 없는 몸으로 변화되는 탈바꿈을 간절히 소망하고 있다.

> 그러나 우리의 시민권은 하늘에 있는지라. 거기로부터 구원하는 자 곧 주 예수 그리스도를 기다리노니 그는 만물을 자기에게 복종하게 하실 수 있는 자의 역사로 우리의 낮은 몸을 자기 영광의 몸의 형체와 같이 변하게 하시리라. 빌 3:20-21

영존하시는 하나님의 아들이 어떻게
'모든 피조물보다 먼저 나신 이'가 될 수 있는가?

바울은 골로새 성도들에게 보내는 편지에서, 예수 그리스도를
"모든 피조물보다 먼저 나신 이"로 부르고 있다(골 1:15). 그러나
어떻게 그리스도께서 모든 만물의 영원한 창조주가 되시고 동시
에 그분 스스로 먼저 나신 이가 될 수 있는가?

첫째, 그리스도를 먼저 나신 이로 언급하는 가운데 사도 바울
은 발군의 탁월함 또는 '제1의 최고 자리'를 마음에 두고 있었다.
이러한 용례는 구약성경에서 확고하게 다져진 것이다. 예를 들
면, 실제로는 므낫세가 먼저 태어나긴 했지만(창 41:51) 에브라임
이 여호와 하나님의 "장자"라고 언급하고 있다(렘 31:9). 마찬가
지로, 다윗은 비록 이새의 아들 중에서 막내였지만(삼상 16:10-13)
여호와 하나님의 "장자이자 세상 왕들에게 지존자"로 지명되었다
(시 89:27). 에브라임이나 다윗이나 둘 다 첫째로 태어난 것은 아
니지만 그 탁월한 위치에 있어서 장자로 여겨지고 있다.

더욱이, 바울은 예수님을 모든 피조물 중에서가 아니라 모든 피조물 위의 장자로 말하고 있다. 그렇기 때문에 "또한 그가 만물보다 먼저 계시고 만물이 그 안에 함께 섰느니라."(골 1:17)고 말한다. 바울의 이러한 언어적 힘은 여호와의 증인들 같은 아리우스주의자(Arians)들이 그리스도를 창조된 존재의 상태로 격하시키기 위해 "다른"이라는 단어를 그들의 신약성경에 삽입하게끔 만들었다.

마지막으로, 성경 전체가 분명히 밝히고 있듯이 예수님은 무한한 은하계가 존재하도록 말씀으로 명하신 영원한 창조주이시다. 요한복음 1장에서는 공공연하게 "하나님"으로 불리고 있으며(1절), 히브리서에서는 "땅의 기초를 두신 분"으로 묘사된다(히 1:10). 그리고 성경의 가장 마지막 장에서 그리스도는 "알파와 오메가요 처음과 마지막이요 시작과 마침"으로 언급된다(계 22:13). 모든 성경은 우주의 주권자가 그리스도 외에 다른 그 무엇일 수 있다는 가능성은 전혀 내포하지 않고 있다.

> 만물이 그에게서 창조되되 하늘과 땅에서 보이는 것들과 보이지 않는 것들과 혹은 왕권들이나 주권들이나 통치자들이나 권세들이나 만물이 다 그로 말미암고 그를 위하여 창조되었고.
> 골 1:15-16

창조된 우주 만물은 새롭게 갱생할 것인가?
아니면, 소멸될 것인가?

The Creation Answer Book

　사도 베드로가 "우리는 그의 약속대로 의가 있는 곳인 새 하늘
과 새 땅을 바라보도다."(벧후 3:13)라고 기록했을 때, 새 하늘과
새 땅은 우리가 현재 거주하고 있는 땅과 완전히 다른 새로운 지
구를 말하는 것이 아니다. 오히려 부패, 질병, 파괴 또는 죽음이
없는 우주를 가리키고 있는 것이다.

　우리는 사단과의 싸움에서 이기신 그리스도의 승리를 기초로
하여, 우주가 소멸되는 것이 아니라 새롭게 갱생하는 것이라고
결론 맺을 수 있다. 그리스도의 십자가가 우리를 죽음과 질병에
서 궁극적으로 자유케 하였듯이, 그것은 또한 우주를 파멸과 부
패에서 자유하도록 건져 낼 것이다(롬 8:20-21).

　더 나아가, 우주의 새로움을 지칭하는 헬라어인 카이노스(kai-
nos)는 종류가 아닌 "질적인 면에서의 새로움"을 뜻한다. 즉 현 창
조계와 연속선상에 놓인 우주의 존재를 가리키는 것이다. 다른

말로 하면, 지구는 모든 면에서 새롭게 변화되는 것이지 완전히 끝나 버리는 것이 아니라는 말이다. 홍수가 육지를 덮쳤을 때 완전히 존재가 사라진 것이 아니듯이, 불의 심판으로 새롭게 될 때도 지구는 완전히 사라지지 않는다.

마지막으로, 출산의 비유가 매우 적절한 교훈이 될 것이다. 잃어버린 낙원이 회복된 낙원으로 등장하게 된다. 그래서 성경도 이와 같이 말한다. "피조물이 다 이제까지 함께 탄식하며 함께 고통을 겪고 있는 것을 우리가 아느니라"(롬 8:22). 그러나 마치 어머니처럼 지구는 새로운 에덴동산을 탄생시킬 것이며, 그곳에서 하나님은 우리의 모든 눈물을 닦아 주실 것이다(계 21:1-4).

> 피조물이 다 이제까지 함께 탄식하며 함께 고통을 겪고 있는 것을 우리가 아느니라, 그뿐 아니라 또한 우리 곧 성령의 처음 익은 열매를 받은 우리까지도 속으로 탄식하여 양자 될 것 곧 우리 몸의 속량을 기다리느니라. 롬 8:22-23

맺는 말

　'창조의 해답'을 마무리하면서 나는 당신 의식 안에 한 얼굴을 그려 넣고자 한다. 그저 한 얼굴이 아니라 진화론의 희극을 보여 주는 얼굴이다. 날카롭게 후퇴한 이마가 무거운 눈두덩이의 뼈에까지 갑작스레 이어진다. 입은 벌어진 채로 튀어나왔고, 원시인 모양의 이빨이 보인다. 눈은 움푹히 패여 수심에 잠긴 듯하다. 철학자의 눈이다. 이 그림은 매우 가치가 있으며, 그 메시지는 분명하다. 이 원숭이는 사람으로 진화 중이다. 당신의 가장 오랜 조상은 아담이 아니라 유원인이다. 창세기는 단지 악명 높은 동화책의 시작일 뿐이다.

　왜 이런 그림을 당신의 생각에 새겨 넣었을까? 왜냐하면 진화론자들에게 이 얼굴은 종종 논란거리가 되기 때문이다. 얼굴(F-A-C-E)은 대진화*가 과학적 계몽 시대에 더 이상 신빙성이 없다는 사실을 보여 주는 기억하기 편리한 스냅 사진으로 활용된다.

먼저 FACE의 첫 글자인 F는 화석 풍자극(Fossil Follies)을 떠오르게 한다. 178쪽의 "하마가 고래로 진화했는가?"라는 제목 장에서 잘 드러났듯이, 진화론의 가설은 이야기의 고래로 진화했지만, 화석의 증거는 매우 부족하다. 그러므로 분수공, 수중 음파 탐지기, 다이빙 메커니즘과 같은 생리학적으로 놀라운 진화론적 발달은 화석보다 믿음에서 발견된다. 이에 대한 다윈의 허심탄회한 고백은 가히 추천할 만하다. "지질학은 어떤 정교한 등급이 매겨진 유기적 사슬을 확실하게 드러내지 않는다. 이는 아마도 이론에 대항하는 가장 명백하고 심각한 반증이 될 것이다. 내가 생각하기에는 지질학 기록의 극단적인 불완전에서 그 설명을 찾을 수 있다." 다윈이 죽은 지 130년 후, 화석 기록은 계속해서 진화론 가설에 당혹스러움만 가져다주었다.

A는 유인원(Ape-Men)에 대한 소설, 사기행각 그리고 환상을 상징한다. 아마 가장 잘 알려진 것은 고등학교 교과서에 나오는 내 뒤에서 나를 주시하고 있는 피테칸트로푸스 직립 원인(Pithecan-thropus erectus)일 것이다.(185쪽의 "유인원의 존재는 허구인가, 사기인가 혹은 상상인가?"를 참고하라.) 다윈의 제자인 아서 키스 경(Sir Arthur Keith)은 피테칸트로푸스를 그의 직업에서 서서히 전개되는 속임수의 예라고 지적했다. 정신적인 이해는 이후에도 그다지 발전되지 못했다. 2009년, 아이다(Ida; Darwinius masillae)라는 사랑

스러운 별명을 지닌 유인원 화석은 "세계 8번째 불가사의"로 불렸다. 인간과 나머지 동물 세계의 연결고리이자 4700만 년 동안 발견된 것 중 가장 중요한 화석이 되었다. 그러나 최근 진화론자들은 아이다가 인간 진화에 그 어떤 역할도 하지 않는다는 고백을 할 수밖에 없었다.

C는 우연(Chance)을 상징한다. 여기서 우연이란 원인 없이 발생하는 것을 말한다. 그러므로 우연은 설계와 설계자 모두의 부재를 의미한다. "지구는 택함받은 행성인가?"(28쪽)에서 설명했듯이, 지구는 그 정확성과 설계*에 있어서 행성계의 걸작이다. 지구는 납작한 나선형의 은하계(galaxy; Milky Way)의 두 나선형 줄기 사이에 자리하고 있다. 중심부에 너무 가까이 붙어 있지 않아서 치명적인 방사선과 혜성 충돌 또는 우주의 관측을 방해할 광공해(light pollution)를 피할 수 있고, 동시에 너무 떨어져 있지 않아서 인근 다른 종류의 별들을 관찰할 수 있다. 우주에서 지구의 위치는 그야말로 특권을 입은 것과 같다. 이것을 우주에서 일어난 우연한 사건으로 축소하는 것은 너무 근시안적 행동이다. 특별하고 숭고한 것으로 인식해야 한다.

마지막으로, E는 경험주의 과학(Empirical Science)을 상징한다. 아이튠 영화의 드라마란을 가 보면 "신의 법정"(원제: Inherit the Wind)이란 영화의 선전 부분이 있다. 1925년의 스콥스 재판

(Scopes trial)을 설명한 부분이 나오는데, 창조론자들을 무식하고 편협한 사람들로, 진화론자들을 진실하고 지적인 사람들로 그리고 있다. 마지막 장면에서는, 청중은 기원에 대해 창조론의 모델을 믿을 경우 지적인 자살을 범하는 것과 다를 바 없다는 메시지를 듣는다. 그러나 현실에서는 정반대이다. "누가 하나님을 만들었는가?"(16쪽)에서 보았듯이, 간단한 논리만으로도 우주는 단순한 환상이 아님을 알 수 있다. 아무것도 없는 무에서 저절로 생긴 것이 아니다. 그리고 우주는 영원히 존재해 온 것도 아니다. 경험주의적으로 사고할 수 있는 유일한 가능성은 우주보다도 크고 위대한, 어떤 만들어지지 않은 제1원인이 되는 존재에 의해 지어졌다는 것이다.

진실로, 진화론이 익살극에 불과하다는 것을 증명하는 것만으로는 충분하지 않다. 우리를 창조하신 하나님께서 또한 우리와 교제하길 원하신다는 이 복음의 메시지를 나누기 위해서라도 당신은 타당성 있는 논리로 대답해야 한다. 비록 당신이 다른 사람의 마음을 변화시킬 수는 없지만, 단순한 종교로부터 우주의 창조주와 인격적인 관계를 맺는 교제를 구분하여 효과적으로 설명해야 한다. 사도 바울은 그의 유명한 아덴에서의 설교에서 바로 이 점을 강조했다. 어떤 이들은 이 메시지를 듣고 비웃었지만, 어떤 이들은 구원을 얻었다.

연금술(alchemy)_중세의 사변(思辨) 철학이자 화학 기술의 일종이다. 평범한 금속을 금으로 변화시키고, 불로장생의 영약을 만들고자 시도했다.

아라바(Arabah)_요단강이 갈릴리 바다에서 사해로 흐를 때 통과하는 요단 골짜기의 뜨겁고 건조한 저지대를 말한다.

무지몽매한(benighted)_지적 또는 도덕적 어둠에 처한 무지한 상태를 말한다.

자연의 책(book of nature)_일반 계시의 참조로서 창조 질서를 통한 하나님의 계시(참고: 롬 1:18-20, 롬 2:14-15, 시 19:1-4)이다. 그리스도를 통해 세상을 자신과 화해시키고자 하는 하나님의 구체적인 계획은 포함되어 있지 않다.(그러한 특별 계시는 오직 성경에서만 발견된다.)

캄브리아 폭발(Cambrian Explosion)_화석 기록에서 반영하듯, 지구상에 존재했던 거의 모든 동물의 체제(體制)가 5억 3천만 년 전인 캄브리아기에 돌연히 등장했다고 한다. 그러나 화석 기록에 진화 전구체(前驅體)의 자취는 아직까지 발견되지 않았다. 옥스퍼드의 동물학자인 리처드 도킨스(Richard Dawkins)도 "이것은 마치 [화석들이], 어떠한 진화의 역사도 없이, 거기에 그저 심어진 것 같다."라고 인정했다. 진화론에 제기되는 이 어려운 질문 때문에 다윈 스스로도 큰 곤욕을 당했다.

공통유래(common descent)_인간, 동물, 식물, 박테리아 등 모든 생명체들이 공동의 조상들로부터 유래되었다는 진화론의 생물학적 개념이다. 다윈은 지구상에 살아 있는 모든 유기체들은 단일의 공통 조상으로부터 유래되었다고 가정한다.

우주기원(cosmogenic)_우주의 기원과 역사에 관한 것이다.

다윈의 생명나무(다윈의 진화계통수: Darwinian Tree of Life)_그의 저서 『종의 기원』에서 찰스 다윈은 "지구상에 존재했던 모든 유기체들은 어떤 종류의 한 원시적인 형태로부터 유래되었다."라고 주장했다. 다윈이 "위대한 생명의 나무"(great Tree of Life)라고 불렀던 그의 필생의 역작에 들어 있는 유일한 삽화이다. 우주적인 공통의 조상(뿌리)에서부터 현대의 종자에 이르는 생명의 자연사(natural history of life)를 묘사하고 있다. *참조: 공통유래.

설계(design): *참조_ 지적 설계.

반향 위치 탐지 기능(echolocation system)_고래, 돌고래, 박쥐와 같은 동물들이 사물 간의 거리와 방향을 감지하기 위해 물체에 반사되는 소리(대체로 고주파)를 방사하는 감각기관이다.

경험주의적(실증주의적: empirical)_관찰과 실험에 기초한.

엔트로피(entropy)_폐쇄계(閉鎖系) 내의 장애(disorder) 정도를 나타내는 용어이다.(열역학제2법칙[熱力學第二法則]으로도 알려짐.) 고립계(孤立係) 안에서 운동할 수 있는 에너지의 양은 시간이 흐름에 따라 항상 감소한다. 우주의 엔트로피가 시간이 흘러도 증가한다는 사실은 우주가 한정된 과거(finite past)에 생성되었음을 시사한다.

진화적 언어장벽(evolutionary language barrier)_대부분의 지적(知的) 훈련은 외부인들의 이해를 저해하는 은어(jargon) 또는 사내언어(in-house language)를 발전시킨다. 그러나 기이할 정도로 아이러니하게 진화론적 생물학의 수사법과 관련 과학 분야에 대해 말할 수 있는 것은, 살아 있는 유기체들과 그것들의 구성 요소(신체 조직, 세포 등)의 설계와 목적에 대한 보편적인 언급이다. 그러한 설계와 목적이 실재하는 것은 아니고 단지 표면적일 뿐이라고 주장하는 진화론자들의 끊임없는 부정에도 말이다. 옥스퍼드의 동물학자 리처드 도킨스(Richard Dawkins)는, "생물학은 목적을 위해 설계된 외관을 나타내는 복잡한 것들에 관한 연구이다."라는 유명한 표현을 사용했다. DNA의 이중나선구조(二重螺旋構造)의 공동 발견자인 프란시스 크릭(Francis Crick)은, "생물학자들은, 자신들이 보고 있는 실체들은 설계된 것이 아니라 진화된 것임을 기억해야 한다."라고 논평했다.

해석상의 책임(exegetical liability)_본문(text)을 잘못 해석함으로써 얻게 되는 부조화(incongruities)와 난점(disadvantage).

대표책임론(federal headship)_하나님께서 첫 사람(first man), 아담을 전 인류를 대표하도록 택하셨다는 것을 의미한다. 아담의 죄로 인해 그의 모든 후손(우리 자신들 모두)이 영적으로 죄에서 죽은 상태로 태어난다. 그리스도는 타락한 모든 인간들 중에 그를 신뢰하는 자들을 구속하는 "둘째 아담"(second man)이다. 사도 바울도 이렇게 말한다. "아담 안에서 모든 사람이 죽은 것 같이 그리스도 안에서 모든 사람이 삶을 얻으리라"(고전 15:22, 참고: 롬 5:12-21; 엡 2:1-5).

초승달 지대(Fertile Crescent)_고대 메소포타미아 문명의 요충지였던 중동에 위치한 지역으로 이집트, 아시리아, 바벨론, 이스라엘을 비롯한 다른 여러 국가들이 나일 계곡(Nile Valley)에서 티그리스와 유프라테스 강까지 이르는 이 비옥한 땅에서 발전했다.

전이화석(fossil transitions)_육상 포유와 고래, 파충류와 새 또는 유인원과 인간처럼 다른 종류의 유기체들 간의 사이를 잇고 연쇄를 대변하는 화석의 순서(fossil sequences)이다. 그 어떤 주목할 만한 중간 변종(transition sequences)의 화석 기록(fossil record)은 오늘날까지도 발견되지 않았다.

호미니드(hominids)_나는 이 용어를 사람과(科; family Hominidae)에 속한 모든 이족보행(二足步行) 영장류(bipedal primate)를 가리켜 지칭하는데, 진화론에서 인간과 긴밀한 연관이 있다고 추측하는 사람속(屬; genera Homo)의 종들(species)과 오스트랄로피테쿠스(Australopithecus)도 이에 포함된다(참조: Lucy). 단지 호모사피엔스(Homo sapiens: 현생인류)만 오늘날까지 살아 있다.

무한역행(infinite regress)_일련의 원인들 속에 제1원인이 존재하지 않는다는 개념이다.

지적 설계론(intelligent design)_문자적으로는 구성요소들의 의도적인 배열을 가리킨다. 지적 설계론은 우주와 생명체들의 특정한 패턴이나 모양이 자연도태설이나 돌연변이(random mutation)와 같은 목적과 방향성 없는 과정에 의해서가 아니라 지적 설계자(intellectual cause)의 존재에 의해 최선으로 설명된다고 여긴다.

카이로스적 시간(kairological)_엄밀한 연대기적(chronological) 시간과 상반되는 하나님의 목적에 관련한 시간이다.(의미 있고, 전환적인 성격을 갖는 어느 순간; 역자주.) 예를 들어, 비록 구속함을 입은 자들의 상당수가 연대기적으로는 그리스도의 죽음과 부활 이전에 살았다 할지라도, 하나님께서는 그리스도의 십자가의 죽음을 통한 카이로스적 시간 속에서 세상 구원을 이루셨다.

문학적 반론(literary polemic)_어느 관점에 대한 대항력이 글의 전반에 흐르는(공통의 언어나 글에 반하여).

문학적 전복(literary subversion)_구약과 신약의 저자들이 하나님에 관한 진리를 전달하기 위해 사용한 변증적 기술(apologetical technique)이다. 고대 저술가들은 진리의 관점을 유지하면서 풍부한 상상력을 바탕으로 이해하기 쉽도록 당대의 이방 문화에 익숙한 주제와 이미지를 사용했다. 예를 들면, 시편 기자는 이방의 폭풍 신인 바알과 관련된 모티브를 전복시키고, 그 원인을 하나님께로 돌렸다(시 29편). 바울은 아레오바고(Areopagus)에서 헬라 철학자들에게 그리스도를 높이기 위해 '알지 못하는 신에게'라고 새긴 단(alter)에 둘러싼 이야기를 전복시키고 있다.

루시(Lucy)_오스트랄로피테쿠스 속(屬)에 분류된, 유명한 호미니드 두개골 화석(대략 40% 온전한)의 애칭이다. 약 3천2백만 년 전에 살았다고 한다.

대(大)진화(macroevolution)_모든 생명체들(식물, 동물, 인간 등)은 변이(modification)와 더불어 공동, 공통조상들로부터 유래되었다는 생물학적 진화의 지배적인 이론이다. 대진화는 한 종(species)이 근본적으로 완전히 다른 구조와 기능을 보여 주는 또 다른 하나의 종(species)으로 변형되는 대규모의 변화를 지칭한다. 예를 들면, 새는 공룡으로부터 진화되었다고 말하며, 고래는 하마와 비슷한 육지 동물로부터 진화되었다고 한다. 이 과정에는 유전자 코드에 막대한 양의 새로운 정보가 주입되어야 함을 시사한다.

거대담론(metanarrative)_모든 역사적 경험을 설명하는 웅장하고 매우 중대한 스토리.

형이상학적 함의(metaphysical implication)_보다 넓은 범주의 철학이나 세계관을 시사하는 것이다. 예를 들면, 지적 설계론(Intellectual Design: ID)이 종교적 교리는 아니다. 이것은 실증적으로 검증 가능한 가설(testable hypotheses)을 담은 과학적 연구 프로그램이다. 그러나 ID는 누군가의 세계관이 진리 또는 거짓이라는 심오한 함의를 지닌다. 그렇다고 하더라도 우리는 ID 자체와 그것이 시사하고 있는 것의 구분을 신중하게 해야 한다.

소(小)진화(microevolution)_유기체의 정해진 형태의 유전자 발현(gene expression)에 변화가 발생하지만, 그렇다고 해서 전혀 다른 종(speices)이 생산되지는 않는다. 예를 들면, 선택적 교배(selective breeding)의 방법을 통해 그레이트 데인(Great Dane)에서 치와와(Chihuahuas)에 이르는 범주의 개들이 고대의 야생들개로부터 번식되어 왔지만, 개라는 종(species)의 상태는 계속 유지되었다. 박테리아는, 그 박테리아라는 상태로 남아 있으면서도 항생제에 대한 저항력을 증강시킬 수 있다. 이러한 과정은, 아마도 이름이 잘못 붙여졌던 것 같지만 새로운 정보의 주입을 요구하지 않는다. 왜냐하면 여기서 겪는 변화는 주로 종(species)의 유전자 공급원(gene pool)에 이미 존재하고 있는 유전자 구성(genetic makeup)의 기능(function)에만 일어나는 변화이기 때문이다.

자연도태(natural selection)_다윈의 진화론의 중심 메커니즘(mechanism)이다. 자신들의 환경에 최적으로 적응하는 유기체들은 그렇지 못하는 유기체들보다 더 많은 수의 개체들로 생존하는 경향이 있다. 이는 잘 적응하지 못하는 유기체들이 잘 적응하는 유기체들만큼 많은 수의 자손들을 번식하지 못하는 특이생식(特異生殖: differential reproduction)의 결과를 초래한다. 시간이 흐름에 따라 가장 잘 적응하는 유기체의 유전적인 형질(heritable traits)이 일반적인 것이 되고, 결국에는 그 종들 안에서 지배적으로 우세하게 된다. 자연도태가 작용하는 변이원(變異源: source of variation)을 임의적인 유전적 돌연변이(random genetic mutation)라고 주로 말한다. 현실적으로, 자연도태와 돌연변이는 소진화를 잘 설명하고 있지만, 대진화에 대해서는 그렇지 못하다.

인정사정 봐주지 않는 무시무시한 자연의 법칙(nature red in tooth and claw)_자연계(natural world)의 냉혹한 특성을 지칭하는 표현이다. 동물계의 전염병(pestilence)과 기생(parasitism)에서부터 포식

(predation)에 이르기까지 그리고 쓰나미, 화산, 토네이도(tornado)와 같은 자연 재해(natural disaster)를 모두 포함하여 일컫는 말이다.

신다윈주의(neo-Darwinism)_근래의 진화론을 반영한다. 19세기 중엽, 다윈은 모든 생물은 불규칙 변동(random variation)을 토대로 작용하는 자연도태의 수단을 통해 변이(modification) 과정을 겪으며, 공동의 조상들로부터 유래했다고 가정했다. 그러나 그는 유전 이론(theory of heredity: 유전적 특성이 어떻게 조상들로부터 후손에게 전달되는지)을 증명할 만한 논증이 없었기 때문에 변인(causes of variation)에 대한 주목할 만한 설명을 하지 못했다. 20세기에는 유전자 코드 내에서의 돌연변이가 변이의 주요한 수단으로 이해되었다. 돌연변이에 작용하는 자연도태가 소진화를 잘 설명하지만, 대진화를 설명하지는 못한다.

오랜 지구 창조론(old-earth creationism)_나는 이 용어를, 성경의 영감과 무오성(inspiration and inerrancy of Scripture)을 주장하면서도 한편으로는 성경이 우주의 나이와 지구의 나이에 대해서는 언급하지 않고 있다고 믿는 기독교 창조주의자들의 관점을 지칭하는 데 사용한다. 여기에는 점진적 창조론도 포함한다. 그러므로 그러한 자료를 얻기 위해 우리는 반드시 자연의 책을 주목해야 한다. 그러나 다

원주의적 유신 진화론(Darwinian theistic evolutionism)을 오랜 지구 창조론의 범주에 포함시키지 않는다.

철학적 자연주의(philosophical naturalism)_자연계 외에 다른 것은 존재하지 않으며, 자연의 모든 것이 원칙적으로는, 과학(물리와 화학)에 의해 온전히 설명된다고 믿는 세계관이다. 현대 무신론 천문학자인 칼 세이건(Carl Sagan)의 경구(警句: aphorism)에서 잘 성문화된 세계관이다. "우주는 모두 다 그 자체이거나, 그 자체였거나, 항상 그 자체일 것이다."

점진적 창조론(progressive creationism)_오랜 지구 창조론의 한 형태로서, 하나님께서 새로운 생명체들을 화석 기록(fossil record)에 나타난 지질학적 역사(geological history)에 걸쳐 점진적으로 창조하시기 위해 지구의 역사에 개입했다고 믿는다. 일반적으로 점진적 창조론자들은 공통유래를 부인한다.

방사선 연대결정법(radiometric dating)_과학자들은 어떤 원자(atom)들이 자연발생적으로(spontaneously) 다른 원자로 변화하는 예측 가능한 수치를 발견했다. 예를 들면, 칼륨-40(potassium-40)으로 알려진 칼륨 화학원소의 특정한 형태가 아르곤-40(argon-40)이라 불리는 아르곤 화학원소의 특정 형태로 변화한다.(원자핵에 19개의 양성자와 21개의 중성자를 가지고 있는 칼륨-40은 양성자를 잃고 중성자를 얻어 18개의 양성자와 22개의 중성자를 가진 아르곤-40으로 변한다.) 지질학상의 표본 내에서 신중하게 측정된 방사성 붕괴(radioactive decay)의 범주는 과학자들이 특정 물질의 연대를 결정 가능하게 만든다.

자연발생설(spontaneous generation)_무생물(nonliving matter)이 살아 있는 유기체를 직접적으로 생산할 수 있다고 주장하며, 한때 많은 지지를 얻었던 이론이다.

진화의 잃어버린 연결고리(transitional fossils, or transitional forms)_전이화석 참조.

흔적기관(痕迹器官, vestigial organ)_한때 존재했으나 현재는 사라진 어떤 기관(organ)의 남아 있는 증거이다.

젊은 지구 창조론(young-earth creationism)_하나님께서 지금으로부터 대략 6천 년 전에 하늘과 땅을 문자적인 24시간의 여섯 날 동안 창조하신 것으로 성경을 해석해야 한다고 주장하는 관점(최소한

1만 년 전은 결코 아니라는)이다. 성경이 지구 나이에 관한 근본적인 신념 체계를 구축한다고 말한다. 젊은 지구 창조를 지지하는 사람은 그 신념으로 과학은 기준이 되는 지질학과 우주론을 약화시키는 무기만을 주조해 내고 있다는 식으로 여기고 자연의 책을 읽는다. 그러나 나는, 젊은 지구 창조론자들과 오랜 지구 창조론자들이 서로 으르렁거리기보다는 둘이 함께 팔짱을 끼고 자연주의(naturalism)에 맞서야 한다고 생각한다. 자연주의야말로 성경적 신앙에 대한 우리 시대의 진정한 위협이기 때문이다. 자연주의는 현대 무신론 천문학자인 칼 세이건(Carl Sagan)의 경구(警句: aphorism)에서 잘 성문화되었다. "우주는 모두 다 그 자체이거나, 그 자체였거나, 항상 그 자체일 것이다."